"十四五"职业教育国家规划教材

轻松学 AutoCAD 基础教程

（第 2 版）

主　编　刘晓芬　刘　凯

副主编　邓国平　马培花

参　编　袁丽和　雷鹏程　李会军

　　　　苏　晶　周永志

主　审　高永江

电子工业出版社

Publishing House of Electronics Industry

北京·BEIJING

内 容 简 介

本书以 AutoCAD 2024 中文版为技术平台，通过任务实例介绍绘图软件 AutoCAD 2024 的操作使用方法。

全书共 3 个项目 14 个任务，通过任务实例的讲解，介绍 AutoCAD 2024 的工作界面，绘图、编辑、修改等命令，图层设置，文字与表格，尺寸标注，块操作等，内容典型实用，呈现形式直观，通俗易懂。通过本书的学习，不仅能学会正确使用计算机软件进行绘图，还能加深对所学的各种机械制图、工艺及模具知识的运用，具有较强的实用性和较好的可操作性。

本书可作为职业院校机械、模具、机电、数控等专业"计算机绘图"课程的教材，也可作为从事 CAD 工作的工程技术人员的自学参考书。

图书在版编目（CIP）数据

轻松学 AutoCAD 基础教程 / 刘晓芬，刘凯主编.
2 版. -- 北京：电子工业出版社，2024. 8（2025. 8 重印）. -- ISBN
978-7-121-48804-7

Ⅰ. TP391.72

中国国家版本馆 CIP 数据核字第 20249VN624 号

责任编辑：张 凌
印　　刷：涿州市京南印刷厂
装　　订：涿州市京南印刷厂
出版发行：电子工业出版社
　　　　　北京市海淀区万寿路 173 信箱　邮编　100036
开　　本：880×1 230　1/16　印张：12.75　字数：293.8 千字
版　　次：2016 年 8 月第 1 版
　　　　　2024 年 8 月第 2 版
印　　次：2025 年 8 月第 3 次印刷
定　　价：46.00 元

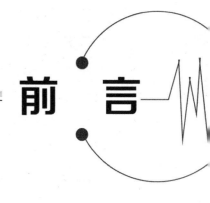

党的二十大报告强调"坚持为党育人、为国育才"。本书聚力产教融合，以工程实例为载体，寓思想教育于知识传授、能力培养、技能提高之中，塑造学生正确的世界观、人生观和价值观，落实立德树人根本任务，培养德技并修的复合型技能人才。

AutoCAD 是 Autodesk 公司开发的计算机辅助绘图和设计软件，被广泛应用于机械、建筑、电子、航天、石油化工、土木工程、冶金、气象、轻工业、室内设计和家具设计、城市规划和景观设计等领域。由于其具有强大的功能和灵活性，AutoCAD 在设计和工程行业中深受喜爱，被广泛应用于几乎所有需要精确图纸和模型的领域。

AutoCAD 2024 是 Autodesk 公司开发的 AutoCAD 新版本。与之前的版本相比较，AutoCAD 2024 具有更完善的绘图界面和设计环境，它在性能和功能方面都有较大的增强，同时也保证了与低版本的完全兼容。

本书以 AutoCAD 2024 中文版为技术平台，根据职业教育装备制造大类人才培养目标及规格的要求，通过对典型机械工程零件平面图、零件图及装配图的绘制介绍，将重要的知识点嵌入具体任务训练中，让学习者在绘图实践中轻松掌握运用 AutoCAD 2024 软件绘制工程图的基本方法和操作技巧，是一本实用性很强的计算机绘图操作教程。

本书具有以下特点：

1. 软件版本先进

AutoCAD 2024 是目前先进的版本之一，能使用户以更快的速度、更高的准确性制作出具有更高精准度的设计详图和文档。

2. 融入课程思政元素

为落实立德树人根本任务，每个项目设计有"素养目标"，部分任务内容中添加了与课程内容相关的思政元素。

3. 聚力产教融合

为贴近岗位技能与生产实际，融入企业文化，本书邀请企业技术专家深度参与教材编写。

为了增强学生在职业生涯过程中的可持续发展能力，教材设计有任务拓展，大部分拓展内容来自企业并由企业专家讲解企业产品图纸的绘制及相关绘图技巧等。

4. 内容典型实用

本书 3 个项目中的 14 个任务及任务拓展精选的多是常见的典型机械工程零件平面图、零件图和装配图，任务及任务拓展大部分的图纸都来源于企业实际，部分实例是校企合作案例。

书中内容主要以机械工程零件平面图、零件图及装配图的绘制任务实例为主线，紧扣"典型""实用"原则，系统介绍了绘制二维平面图、零件图及装配图的基本方法和绘图技巧，内容由简单到复杂，由易到难。

5. 呈现形式直观

本书图文并茂，形象直观，介绍翔实，通俗易懂，一看就懂，一学就会。

6. 应用网络技术

所有任务及大部分任务拓展设有二维码，学习者可通过扫二维码观看绘图操作的讲解视频，辅助学习软件绘图方法，形象生动，可操作性强，对于初次接触计算机绘图的学习者，可以轻松入门。

7. 采用项目任务式组织编写

本书采用项目任务式进行编写，通过绘制完整的平面图、零件图及装配图，让教师做中教，学生做中学，可以大大提高教与学的有效性。

8. 教学资源丰富

本书配有教学指南、电子教案、PPT 课件、绘图讲解及操作视频、图框及标题栏等样板文件、素材源文件、习题集及强化训练任务解答等资源。

本书由武汉市第二轻工业学校高级讲师、高级工程师刘晓芬担任第一主编并统稿，武汉职业技术学院讲师、技师刘凯担任第二主编，武汉市第二轻工业学校正高级讲师邓国平担任第一副主编，中国长江动力集团有限公司正高级工程师马培花担任第二副主编，参加本书编写的还有东莞市超骏齿轮有限公司技术部总工程师袁丽和，武汉市第二轻工业学校高级讲师、高级技师雷鹏程，武汉市第二轻工业学校讲师李会军，武汉市第二轻工业学校讲师苏晶，监利市职教中心助讲周永志。全书由武汉九环公路工程有限公司高级工程师、高级技师高永江担任主审。

由于作者水平有限，加上成书仓促，书中疏漏和不妥之处在所难免，敬请读者批评指正。

编　者

CONTENTS 目 录

项目 ① 平面图绘制技能实训

  AutoCAD 是美国 Autodesk 公司于 20 世纪 80 年代初为在计算机上应用 CAD 技术而开发的绘图程序软件包，经过不断的完善，已经成为强有力的绘图工具，并在国际上广为流行。

  AutoCAD 可以绘制任意二维和三维图形，与传统的手工绘图相比，用 AutoCAD 绘图速度更快，精度更高，且便于修改，其已经在航空航天、造船、建筑、机械、电子、化工、轻纺等很多领域得到了广泛的应用，并取得了丰硕的成果和巨大的经济效益。

  AutoCAD 2024 是目前较先进的版本，能使用户以更快的速度、更高的准确性制作出具有丰富视觉精准度的设计详图和文档。

  本项目以 AutoCAD 2024 为绘图工作平台，通过绘制完整的零件平面图，使学习者对 AutoCAD 软件的运用有一个总体认识，并快速入门；通过绘制典型图形的实训范例，使学习者掌握 AutoCAD 绘图的一般过程及常用命令，本项目设有 8 个任务，推荐课时为 20 课时。

知识及技能目标

1. 熟练掌握 AutoCAD 2024 的运行方法。
2. 熟悉 AutoCAD 2024 的用户界面、快捷键。
3. 掌握 AutoCAD 绘图的一般过程、常用命令及工作环境的设置方法和步骤。
4. 会进行图层的设置、文字样式及标注的设置。
5. 掌握将文件保存为样板文件的方法及块操作等。
6. 能绘制简单零件平面图。

读一读：
我国工程制图的发展史

素养目标

1. 通过了解"我国工程制图的发展史"，激励自己在科学技术迅猛发展、CAD/CAM 技术日益成熟的现在，刻苦努力、创造性的学习，跟上或超越时代的步伐，强化使命担当。

2. 通过"五星红旗"的绘制，学习党史、国史及《中华人民共和国国旗法》相关知识，树立正确的国家观、民族观，厚植爱国情怀。

3. 通过学习"标准介绍"，养成遵守规章制度按程序办事的良好习惯，遵纪守法、遵守各项规章制度。

（一）约定

为了便于初学者按任务实例进行操作，出现在书中的有关操作描述约定如下。

1．所有软件界面元素名称，如功能区选项卡标题名、命令名、对话框名、按钮名等均用" "引起来以示区分。

2．文中"单击"是指按下鼠标左键，"双击"是指连按两下鼠标左键，"右击"是指按一下鼠标右键，"输入"是指用键盘输入数字、字母或符号等。

3．常用激活命令的方法有两种，在文中的描述如下。

例如：激活"直线"命令。

（1）单击图标方式：单击功能区"默认"选项卡"绘图"面板中的"直线"图标 ╱，显示的命令行如下。

命令：_line
指定第一个点：

（2）输入命令方式：在命令窗口中输入"Line"或"L"，按 Enter 键（回车），显示的命令行如下。

命令：_line
指定第一个点：

4．命令窗口中的操作描述如下。

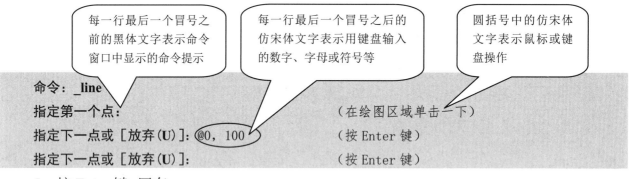

> 每一行最后一个冒号之前的黑体文字表示命令窗口中显示的命令提示

> 每一行最后一个冒号之后的仿宋体文字表示用键盘输入的数字、字母或符号等

> 圆括号中的仿宋体文字表示鼠标或键盘操作

命令：_line
指定第一个点： （在绘图区域单击一下）
指定下一点或 [放弃(U)]：@0，100 （按 Enter 键）
指定下一点或 [放弃(U)]： （按 Enter 键）

5．按 Enter 键=回车。

📖 **注意**：操作过程中一定要经常查看命令窗口中的提示。

6．数据的单位。

如无特别说明，书中尺寸数字的单位均为 mm。

7．根据国家标准《技术制图 字体》（GB/T 14691—1993）中的规定，字母和数字可写成直体或斜体。AutoCAD 软件中对于字体可以统一设置为斜体或正体，故本书中凡是表示在软件中标注的图形尺寸、几何公差、表面粗糙度、技术要求等全部采用直体（即正体）。

（二）鼠标指针的形状

鼠标指针有很多样式，不同的形状表示系统处于不同的状态。了解鼠标指针形状的含义，对进行 AutoCAD 操作非常重要，各种鼠标指针形状的含义如表 1-1 所示。

表 1-1 各种鼠标指针形状的含义

形 状	含 义	形 状	含 义
╀	正常绘图状态	↗	调整右上左下大小
▸	指向状态	↔	调整左右大小
┼	输入状态	↘	调整左上右下大小
□	选择对象状态	↕	调整上下大小
◜	缩放状态	✋	视图平移符号
⇥	调整命令窗口的大小	I	插入文本符号

（三）AutoCAD 常用快捷命令

使用 AutoCAD 的快捷命令（即命令的缩写名称，也称命令别名），能够快速提高绘图速度，AutoCAD 常用快捷命令如表 1-2 所示。其余快捷命令及快捷键参见附录 A。

表 1-2 AutoCAD 常用快捷命令

序 号	命令名	快捷命令	序 号	命令名	快捷命令
1	直线	L	12	镜像	MI
2	点	PO	13	拉伸	S
3	圆	C	14	偏移	O
4	矩形	REC	15	修剪	TR
5	正多边形	POL	16	延伸	EX
6	椭圆	EL	17	旋转	RO
7	圆弧	A	18	打断	BR
8	圆环	DO	19	圆角	F
9	移动	M	20	倒角	CHA
10	复制	CO/CP	21	分解	X
11	阵列	AR	22	缩放	SC

（四）AutoCAD 常用功能键

F1：获取帮助。

F2：实现绘图窗口和文本窗口的切换。

F3：对象自动捕捉控制。

F4：数字化仪控制。

F5：等轴测平面切换。

F6：控制状态栏上坐标的显示方式。

F7：栅格显示模式控制。

F8：正交模式控制。

F9：栅格捕捉模式控制。

F10：极轴模式控制。

F11：对象追踪模式控制。

任务 1 六角扳手平面图的绘制

任务目标

根据图 1-1 所示图样，完成六角扳手平面图的绘制。

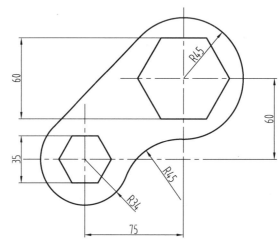

图 1-1 六角扳手平面图

任务要点

六角扳手的图形特点：外轮廓为圆弧和直线，内部由两个正六边形组成。因此可先画外轮廓，再用"多边形"命令绘制内部图形，从而完成整个平面图的绘制。

任务实施

（一）实施流程（参见图 1-2）

1. 建立工作环境（图形界限，缩放，捕捉等）。

2. 对象特性预定义（设置图层）。

3. 绘图设计（绘制图形）。

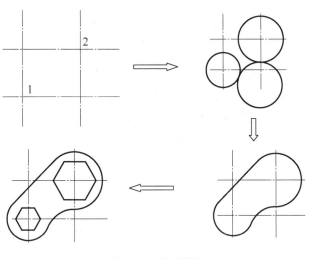

图 1-2 流程图

（二）实施步骤

1. 建立工作环境

双击 Windows 桌面上的 AutoCAD 2024 图标 ，启动软件，进入 AutoCAD 2024 中文版初始界面，如图 1-3 所示。

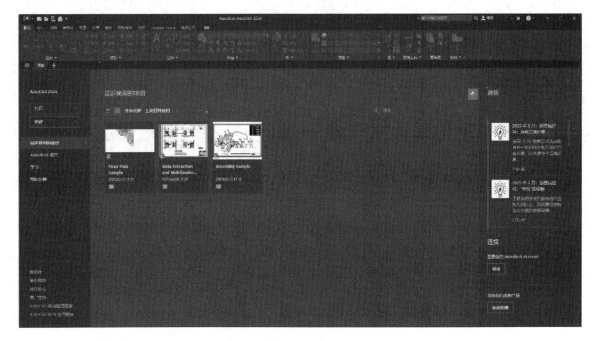

图 1-3 AutoCAD 2024 中文版初始界面

单击快速访问工具栏中的"新建"图标 ，弹出"选择样板"对话框，单击"打开"按钮右侧的 按钮，单击"无样板打开-公制"选项，如图 1-4 所示，即打开了一个"默认设置"界面，如图 1-5 所示。

图 1-4 "选择样板"对话框

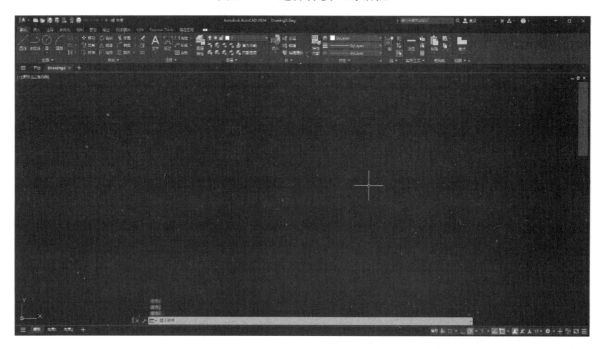

图 1-5 "默认设置"界面

在绘图区域右击鼠标，弹出快捷菜单，如图 1-6（a）所示→单击"选项"命令，弹出"选项"对话框，如图 1-6（b）所示→在"显示"选项卡中，将"窗口元素"选区中的"颜色主题"选为"明"→单击"颜色"按钮，弹出"图形窗口颜色"对话框，如图 1-7 所示→在该对话框的"颜色"下拉列表中选择"白"色选项，单击"应用并关闭"按钮，进入修改了背景颜色后的工作界面，如图 1-8 所示。

（a）快捷菜单　　　　　　　　　　　　（b）"选项"对话框

图1-6 选项操作

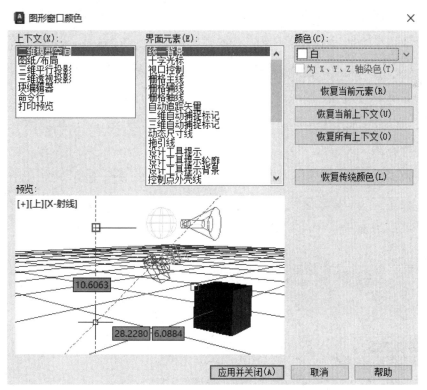

图1-7 "图形窗口颜色"对话框

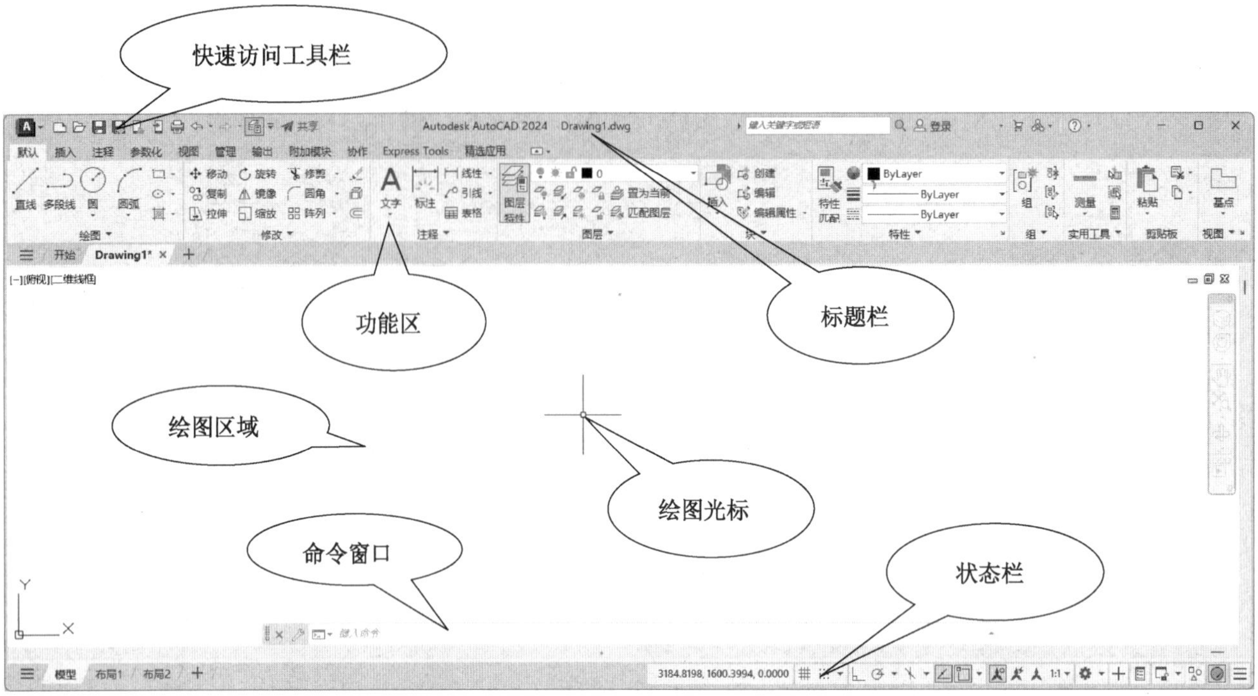
快速访问工具栏
功能区
标题栏
绘图区域
绘图光标
命令窗口
状态栏
Autodesk AutoCAD 2024 Drawing1.dwg

图 1-8　修改背景颜色后的 AutoCAD 2024 工作界面

● AutoCAD 2024 工作界面的组成：

①标题栏，②快速访问工具栏，③功能区，④绘图区域，⑤命令窗口，⑥状态栏。

● AutoCAD 自 2009 版本采用功能区（Ribbon）后，经典模式保留到 2014 版本，直到 2015 版本彻底取消，用了 5 个版本供用户过渡。事实上功能区（Ribbon）格式的确比经典模式（菜单+工具栏）具有更多的优点，把菜单和工具融为一体，熟练掌握后效率比经典模式的要高。考虑到使用过 AutoCAD 老版本用户的习惯，本任务的任务拓展将介绍 AutoCAD 2024 的 Ribbon 界面与经典界面的切换操作。

（1）设置图形界限

在命令窗口中输入“LIMITS”，如图 1-9 所示→按 Enter 键，显示如图 1-10 所示→按 Enter 键，显示如图 1-11 所示→用键盘输入“210, 297”（注意：逗号为英文半角符号）→按 Enter 键，命令结束。图形界限设定为长 210mm，宽 297mm 的矩形平面。

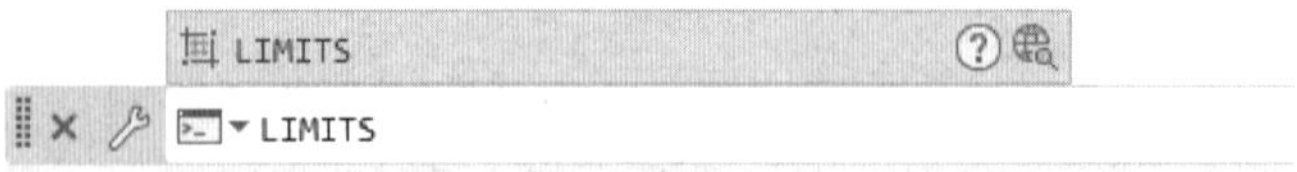
LIMITS
LIMITS

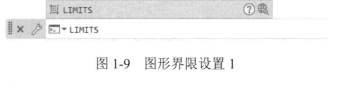

图 1-9　图形界限设置 1

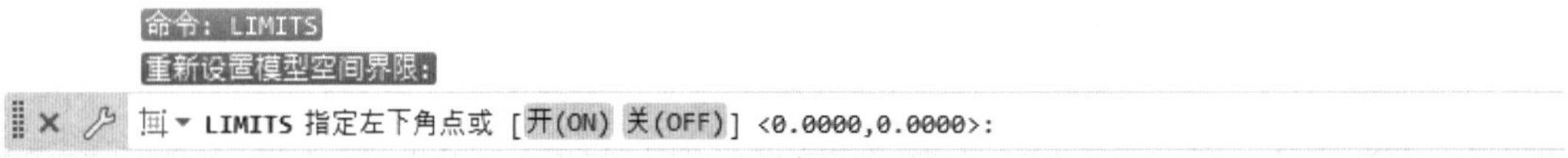
命令: LIMITS
重新设置模型空间界限:
LIMITS 指定左下角点或 [开(ON) 关(OFF)] <0.0000,0.0000>:

图 1-10　图形界限设置 2

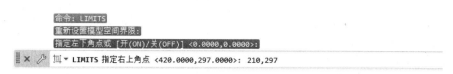

图 1-11　图形界限设置 3

单击命令窗口右侧的"命令历史记录"按钮，显示如图 1-12 所示的命令历史记录。

图 1-12　命令历史记录

📖 **注意**：书中的命令操作叙述按以下形式呈现，黑体字表示命令窗口中显示的命令提示，（　）中的内容表示鼠标或键盘操作。

命令：LIMITS　　　　　　　　　　　　　　　　　　　　（按 Enter 键）
重新设置模型空间界限：
指定左下角点或［开（ON）/关（OFF）］<0.0000, 0.0000>：　（按 Enter 键）
指定右上角点<420.0000, 297.0000>：210, 297　　　　（按 Enter 键）

（2）设置栅格

单击状态栏中的"栅格"图标，使其处于未选中或选中状态，可对应关闭或打开绘图区域栅格。

（3）设置捕捉

右击状态栏中的"捕捉模式"图标→在弹出的快捷菜单（见图 1-13）中单击"捕捉设置"选项→在弹出的"草图设置"对话框中单击"对象捕捉"选项卡→在该选项卡中勾选"端点""圆心""交点""切点"复选框，如图 1-14 所示→单击"确定"按钮。

图 1-13　快捷菜单　　　　　　　　　图 1-14　"草图设置"对话框

2. 设置图层

单击功能区"默认"选项卡"图层"面板中的"图层特性"图标，弹出"图层特性管理器"对话框→单击"新建图层"图标 2次，即建立了2个图层，如图1-15所示。

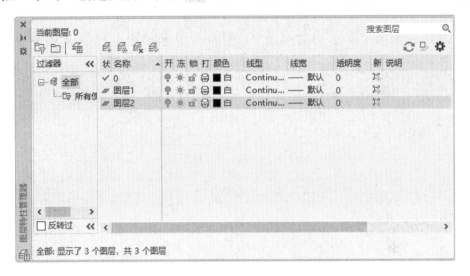

图1-15 "图层特性管理器"对话框

（1）设置颜色

单击每个图层的颜色列对应的方块图形■，可设置图层颜色。将图层1设置为"红"色，如图1-16所示。

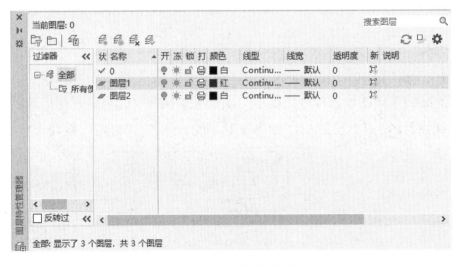

图1-16 设置图层颜色

（2）设置线型

单击每个图层对应的线型列中的内容，可设置图层的线型。将图层1设置为"CENTER2"线型，操作如下：单击图层1的线型"Continuous"，弹出"选择线型"对话框，如图1-17所示→单击"加载"按钮，弹出"加载或重载线型"对话框，如图1-18所示→单击"CENTER2"选项→单击"确定"按钮→返回"选择线型"对话框→单击"CENTER2"选项，如图1-19所示→单击"确定"按钮，返回"图层特性管理器"对话框。

图 1-17 "选择线型"对话框

图 1-18 "加载或重载线型"对话框

图 1-19 "选择线型"对话框

（3）设置线宽

单击图层 2 的线宽，弹出"线宽"对话框，如图 1-20 所示→选择"0.35mm"选项→单击"确定"按钮→返回"图层特性管理器"对话框，如图 1-21 所示，单击"关闭"按钮 ✕ ，将设置好的图层关闭。

图 1-20 "线宽"对话框

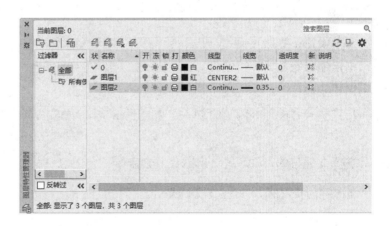

图 1-21 图层设置完成

3．绘制图形

（1）绘制中心线

单击功能区"默认"选项卡"图层"面板中的"图层"下拉列表 💡☀🔓■ 0 ，选择"图层 1"选项，将图层 1 设置为当前图层，如图 1-22 所示。

单击功能区"默认"选项卡"绘图"面板中的"直线"图标 ✏ ，命令行及操作显示如下。

命令：_line
指定第一个点： （单击绘图区域内偏上方任意一点，单击状态栏中的"正交"图标 ）
指定下一点或［放弃(U)］：〈正交开〉 （鼠标下移，在合适的位置单击一下）
指定下一点或［放弃(U)］： （按 Enter 键）

用同样的方法绘制 1 条水平线，如图 1-23 所示，这样就绘制出了 2 条正交中心线。

图 1-22　应用的过滤器　　　　　　　　图 1-23　绘制 2 条正交中心线

单击功能区"默认"选项卡"修改"面板中的"偏移"图标 ，命令行及操作显示如下。

命令：_offset
当前设置：删除源=否　图层=源　OFFSETGAPTYPE=0
指定偏移距离或［通过(T)/删除(E)/图层(L)］〈1.0000〉：75 （按 Enter 键）
选择要偏移的对象，或［退出(E)/放弃(U)］〈退出〉： （单击垂直中心线）
指定要偏移的那一侧上的点，或［退出(E)/多个(M)/放弃(U)］〈退出〉：
（在垂直中心线的左侧单击一下）
选择要偏移的对象，或［退出(E)/放弃(U)］〈退出〉： （按 Enter 键）

单击功能区"默认"选项卡"修改"面板中的"偏移"图标 ，命令行及操作显示如下。

命令：_offset
当前设置：删除源=否　图层=源　OFFSETGAPTYPE=0
指定偏移距离或［通过(T)/删除(E)/图层(L)］〈75.0000〉：60 （按 Enter 键）
选择要偏移的对象，或［退出(E)/放弃(U)］〈退出〉： （单击水平中心线）
指定要偏移的那一侧上的点，或［退出(E)/多个(M)/放弃(U)］〈退出〉：
（在水平中心线下方单击一下）
选择要偏移的对象，或［退出(E)/放弃(U)］〈退出〉： （按 Enter 键）

偏移操作完成，如图 1-24 所示。

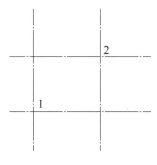

图 1-24　偏移中心线

（2）绘制圆

将图层 2 设置为当前图层。

单击功能区"默认"选项卡"绘图"面板中的"圆"图标，命令行及操作显示如下。

命令：_circle

指定圆的圆心或 [三点(**3P**)/两点(**2P**)/切点、切点、半径(**T**)]：　　　　（捕捉交点 1）

指定圆的半径或 [直径(**D**)]：34　　　　　　　　　　　　　　（按 Enter 键）

单击功能区"默认"选项卡"绘图"面板中的"圆"图标，命令行及操作显示如下。

命令：_circle

指定圆的圆心或 [三点(**3P**)/两点(**2P**)/切点、切点、半径(**T**)]：　　　　（捕捉交点 2）

指定圆的半径或 [直径(**D**)] <**34.0000**>：45　　　　　　　　（按 Enter 键）

绘制完 2 个圆，单击状态栏中的"自定义"图标三，勾选"线宽"选项，如图 1-25 所示。

单击状态栏中的"显示/隐藏线宽"图标，显示粗实线，如图 1-26 所示。

图 1-25　添加线宽选项

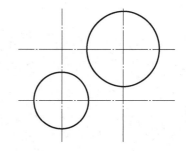

图 1-26　绘制 2 个圆

单击功能区"默认"选项卡"绘图"面板中的"圆"图标，命令行及操作显示如下。

命令：_circle

指定圆的圆心或 [三点(**3P**)/两点(**2P**)/切点、切点、半径(**T**)]：t　　　　（按 Enter 键）

指定对象与圆的第一个切点：　　　　　　　　　　（在小圆 1 的右下方圆弧上单击一下）

指定对象与圆的第二个切点：　　　　　　　　　　（在大圆 2 的左下方圆弧上单击一下）

指定圆的半径<**45.0000**>：45　　　　　　　　　（按 Enter 键）

绘制相切圆，如图 1-27 所示。

（3）绘制公切线、修剪多余图线及绘制正六边形

单击状态栏中的"正交"图标（软件中，"正交"图标的全称为"正交限制光标"图标，本书中简称为"正交"图标），将正交模式关闭，单击功能区"默认"选项卡"绘图"面板中的"直线"图标，命令行及操作显示如下。

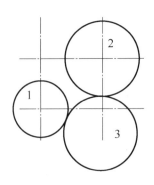

图 1-27　绘制相切圆

命令：_line
指定第一个点：tan   （按 Enter 键）
到   （在圆 2 的左上方圆弧上单击一下）
指定下一点或［放弃(U)］：tan   （按 Enter 键）
到   （在圆 1 的左上方圆弧上单击一下）
指定下一点或［放弃(U)］：   （按 Enter 键）

绘制出圆 1 与圆 2 的公切线，如图 1-28 所示。

📖　说明：tan 是“圆切点捕捉”的快捷命令。

单击功能区“默认”选项卡“修改”面板中的“修剪”图标，命令行及操作显示如下。

命令：_trim
当前设置：投影=UCS,边=无,模式=快速
选择要修剪的对象，或按住 Shift 键选择要延伸的对象，或
［剪切边(T)/窗交(C)/模式(O)/投影(P)/删除(R)］：   （单击圆 2 中多余的圆弧）
选择要修剪的对象，或按住 Shift 键选择要延伸的对象，或
［剪切边(T)/窗交(C)/模式(O)/投影(P)/删除(R)/放弃(U)］： （单击圆 1 中多余的圆弧）
选择要修剪的对象，或按住 Shift 键选择要延伸的对象，或
［剪切边(T)/窗交(C)/模式(O)/投影(P)/删除(R)/放弃(U)］： （单击圆 3 中多余的圆弧）
选择要修剪的对象，或按住 Shift 键选择要延伸的对象，或
［剪切边(T)/窗交(C)/模式(O)/投影(P)/删除(R)/放弃(U)］： （按 Enter 键）

修剪多余的圆弧，完成六角扳手外形轮廓的绘制，如图 1-29 所示。

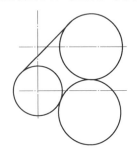
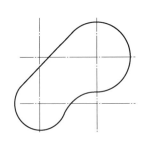

图 1-28　公切线的绘制   图 1-29　修剪多余的圆弧

单击功能区"默认"选项卡"绘图"面板中的"矩形"图标右侧的下拉菜单按钮 ⬚ ▾（后文中简称为"矩形"下拉菜单按钮，类似的按钮名称做同样的处理），单击"多边形"图标 ⬠多边形，命令行及操作显示如下。

命令：_polygon 输入侧面数<**4**>：6	（按 Enter 键）
指定正多边形的中心点或［边(**E**)］：	（捕捉小圆的圆心）
输入选项［内接于圆(**I**)/外切于圆(**C**)］<**I**>：c	（按 Enter 键）
指定圆的半径：17.5	（按 Enter 键）

单击功能区"默认"选项卡"绘制"面板中的"多边形"图标⬠多边形，命令行及操作显示如下。

命令：_polygon 输入侧面数<**6**>：	（按 Enter 键）
指定正多边形的中心点或［边(**E**)］：	（捕捉大圆的圆心）
输入选项［内接于圆(**I**)/外切于圆(**C**)］<**C**>：	（按 Enter 键）
指定圆的半径：30	（按 Enter 键）

2 个正六边形绘制完成，利用直线的拉伸功能，调整中心线的长短，完成六角扳手平面图的绘制，如图 1-30 所示。

4．保存文件

单击"快速访问工具栏"中的"保存"图标▣，弹出"图形另存为"对话框，在"保存于"下拉列表中选择图形保存的文件夹，在"文件名"文本框中输入"六角扳手"，单击"保存"按钮，如图 1-31 所示。

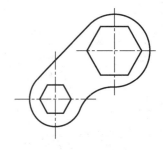

图 1-30　六角扳手平面图

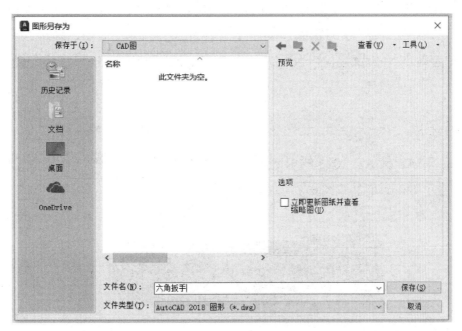

图 1-31　"图形另存为"对话框

任务评价

完成任务后，填写表 1-3。

表 1-3　任务评价表

项目	序号	评价标准	自我评价	教师评价
绘图技能	1	会打开软件并对工作界面背景颜色进行修改	□完成　□基本完成　□继续学习	□好　□较好　□一般
	2	会操作图形界限功能	□完成　□基本完成　□继续学习	□好　□较好　□一般
	3	会操作缩放功能	□完成　□基本完成　□继续学习	□好　□较好　□一般
	4	会操作捕捉功能	□完成　□基本完成　□继续学习	□好　□较好　□一般
	5	会进行图层设置	□完成　□基本完成　□继续学习	□好　□较好　□一般
	6	会绘制直线	□完成　□基本完成　□继续学习	□好　□较好　□一般
	7	会绘制多边形	□完成　□基本完成　□继续学习	□好　□较好　□一般
	8	会绘制圆	□完成　□基本完成　□继续学习	□好　□较好　□一般
	9	会操作修剪功能	□完成　□基本完成　□继续学习	□好　□较好　□一般
	10	会操作偏移功能	□完成　□基本完成　□继续学习	□好　□较好　□一般
其他项目	1	遵守纪律	□好　□较好　□一般	□好　□较好　□一般
	2	认真听讲和练习绘图操作	□好　□较好　□一般	□好　□较好　□一般
	3	积极参与讨论和交流	□好　□较好　□一般	□好　□较好　□一般
	4	规范开关计算机设备	□好　□较好　□一般	□好　□较好　□一般

任务小结

本任务通过介绍一个较简单的零件平面图的绘制，使学习者快速进入 AutoCAD 的世界，了解 AutoCAD 2024 工作界面的组成，初步掌握建立工作环境（图形界限功能、缩放功能、捕捉功能）、图层等的相关设置，以及直线、多边形、圆等绘图功能和修剪、偏移等修改功能的使用。

任务拓展

扫二维码观看 AutoCAD 2024 的 Ribbon 界面与经典界面的切换操作视频，熟悉切换操作方法，独立完成 Ribbon 界面与经典界面的切换操作。

扫一扫观看视频：
Ribbon 界面与经典界面的切换

任务 2　轴零件平面图的绘制

任务目标

根据图 2-1 所示图样，完成轴零件平面图的绘制。

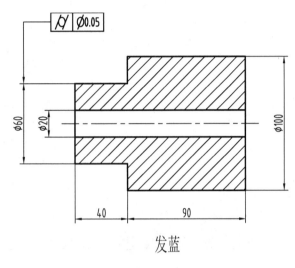

发蓝

图 2-1　轴零件平面图

任务要点

轴零件具有上下对称的图形特点，因此可先绘制一半的图形，再用"镜像"命令完成图形轮廓的绘制。

任务实施

（一）实施流程（参见图 2-2）

1. 建立工作环境（图形界限，缩放，捕捉等）。

2. 对象特性预定义（设置图层）。

3. 绘图设计（绘制图形）。

4. 剖面的图案填充。

5. 尺寸、工程符号及文字的标注。

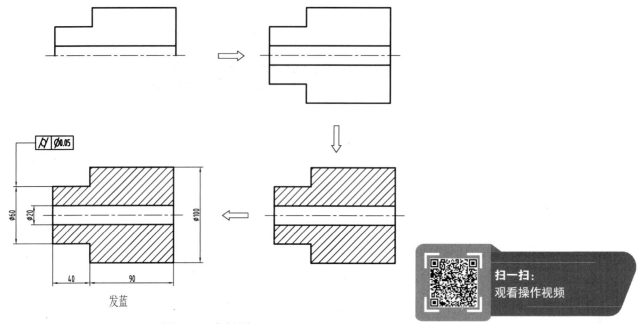

图 2-2　流程图

（二）实施步骤

1. 建立工作环境

双击 Windows 桌面上的 AutoCAD 2024 图标，启动软件，进入 AutoCAD 2024 中文版界面，如图 2-3 所示。

图 2-3　AutoCAD 2024 中文版界面

单击快速访问工具栏中的"新建"图标，弹出"选择样板"对话框，单击"打开"按钮右侧的▼按钮，单击"无样板打开-公制"选项，如图 2-4 所示，即打开了一个 AutoCAD 2024 工作界面，如图 2-5 所示。

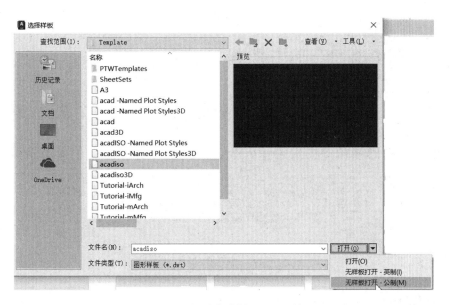

图 2-4 "选择样板"对话框

图 2-5 AutoCAD 2024 工作界面

（1）设置图形界限

在命令窗口中输入"LIMITS"，如图 2-6 所示→按 Enter 键，显示如图 2-7 所示→按 Enter 键，显示如图 2-8 所示→再按 Enter 键，命令结束。图形界限设定为长 420mm，宽 297mm 的矩形平面，即为默认设置。

图 2-6 图形界限设置 1

图 2-7 图形界限设置 2

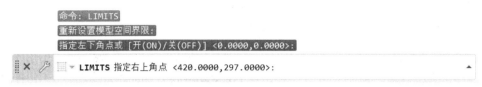

图 2-8　图形界限设置 3

单击命令窗口右侧的"命令历史记录"按钮 ，显示如图 2-9 所示的命令历史记录。

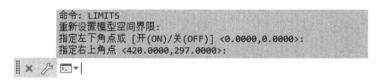

图 2-9　命令历史记录

即设置图形界限的操作如下。

命令：**LIMITS**	（按 Enter 键）
重新设置模型空间界限：	
指定左下角点或[开(**ON**)/关(**OFF**)]<0.0000,0.0000>：	（按 Enter 键）
指定右上角点<420.0000,297.0000>：	（按 Enter 键）

（2）设置栅格

单击状态栏中的"栅格"图标 ，关闭绘图区域栅格。

（3）设置捕捉

右击状态栏中的"捕捉模式"图标 →在弹出的快捷菜单（见图 2-10）中单击"捕捉设置"选项→在弹出的"草图设置"对话框中单击"对象捕捉"选项卡→在该选项卡中勾选"端点""圆心""交点"复选框，以及"启用对象捕捉""启用对象捕捉追踪"复选框，如图 2-11所示→单击"确定"按钮。

图 2-10　快捷菜单

图 2-11　"草图设置"对话框

2．设置图层

单击功能区"默认"选项卡"图层"面板中的"图层特性"图标，弹出"图层特性管理器"对话框→单击"新建图层"图标6次，即新建了6个图层，如图2-12所示。

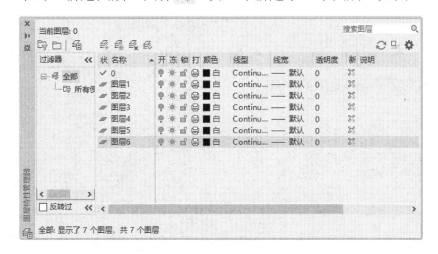

图 2-12　"图层特性管理器"对话框

（1）设置颜色

单击每个图层颜色列对应的方块图形■，设置图层的颜色，将图层1、2、3、4、5分别设置为"红""黄""绿""洋红""蓝"色，如图2-13所示。

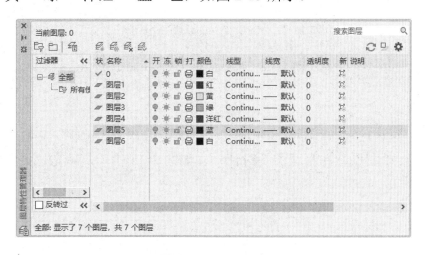

图 2-13　设置颜色

（2）设置线型

单击每个图层对应的线型列中的内容，设置图层的线型，将图层 1、2、3 分别设置为"CENTER2""HIDDEN""PHANTOM"线型。单击图层 1 的线型"Continuous"，弹出"选择线型"对话框，如图 2-14 所示→单击"加载"按钮，弹出"加载或重载线型"对话框，如图 2-15 所示→单击"CENTER2"选项→按下 Ctrl 键的同时，单击"HIDDEN""PHANTOM"选项→单击"确定"按钮→返回"选择线型"对话框→单击"CENTER2"选项，如图 2-16 所示→单击"确定"按钮，返回"图层特性管理器"对话框。单击图层 2 的线型"Continuous"，弹出"选择线型"对话框→单击"HIDDEN"选项→单击"确定"按钮。以上操作完成了图层1、2的线型设置。

按照上述操作过程设置图层3的线型。

图2-14 "选择线型"对话框

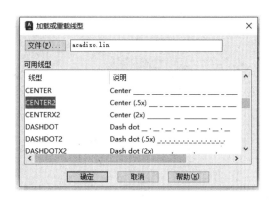

图2-15 "加载或重载线型"对话框

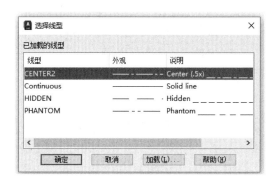

图2-16 "选择线型"对话框

（3）设置线宽

单击图层6的线宽，弹出"线宽"对话框，如图2-17所示→选择"0.35mm"选项→单击"确定"按钮→返回"图层特性管理器"对话框，如图2-18所示，单击"关闭"按钮 × ，将设置好的图层关闭。

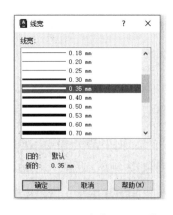

图2-17 "线宽"对话框

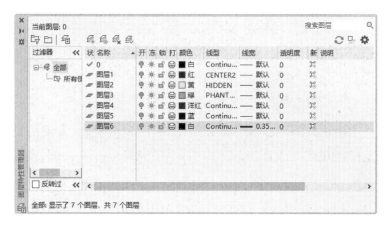

图2-18 图层设置完成

（4）保存文件

单击"快速访问工具栏"中的"保存"图标📀，弹出"图形另存为"对话框，选择文件保存的位置；文件名命名为轴零件图；文件类型选择 AutoCAD 2018 图形（*.dwg），单击"保存"按钮，之后在绘图过程中应随时保存文件。

3．绘制图形

（1）绘制中心线

单击功能区"默认"选项卡"图层"面板中的"图层"下拉列表 ● ☀ ⛿ ■ 0 　　　 ，选择"图层 1"选项，将图层 1 设置为当前图层，如图 2-19 所示。

图 2-19　"图层"选项框

单击功能区"默认"选项卡"绘图"面板中的"直线"图标✐，命令行及操作显示如下。

```
命令：_line
指定第一个点：30,170                                （按 Enter 键）
指定下一点或[放弃(U)]：@150,0                       （按 Enter 键）
指定下一点或[放弃(U)]：                             （按 Enter 键）
```

📖　注意：@150,0 为相对坐标。

如果直线看起来太长或太短，单击绘图区域右侧的"导航栏"中的"范围缩放"图标🔍，如图 2-20 所示，再用鼠标中键来回滚动调节图形至显示合适大小，如图 2-21 所示。

图 2-20　"导航栏"　　　　　　　　　　　图 2-21　调节图形大小

（2）绘制多段线

将图层 6 设置为当前图层。单击功能区"默认"选项卡"绘图"面板中的"多段线"图标⤵，命令行及操作显示如下。

```
命令：_pline
指定起点：40,170                                                （按 Enter 键）
当前线宽为 0.0000
指定下一个点或[圆弧(A)/半宽(H)/长度(L)/放弃(U)/宽度(W)]：@0,30          （按 Enter 键）
指定下一点或[圆弧(A)/闭合(C)/半宽(H)/长度(L)/放弃(U)/宽度(W)]：@40,0     （按 Enter 键）
指定下一点或[圆弧(A)/闭合(C)/半宽(H)/长度(L)/放弃(U)/宽度(W)]：@0,20     （按 Enter 键）
```

指定下一点或[圆弧(**A**)/闭合(**C**)/半宽(**H**)/长度(**L**)/放弃(**U**)/宽度(**W**)]：@90,0	（按 Enter 键）
指定下一点或[圆弧(**A**)/闭合(**C**)/半宽(**H**)/长度(**L**)/放弃(**U**)/宽度(**W**)]：@0,-50	（按 Enter 键）
指定下一点或[圆弧(**A**)/闭合(**C**)/半宽(**H**)/长度(**L**)/放弃(**U**)/宽度(**W**)]：	（按 Enter 键）

单击状态栏中的"显示/隐藏线宽"图标 ，显示线宽，如图 2-22 所示。

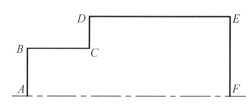

图 2-22　*ABCDEF* 多段线

（3）绘制 *GH* 直线

单击功能区"默认"选项卡"绘图"面板中的"直线"图标／，命令行及操作显示如下。

命令：_line	
指定第一个点：40,180	（按 Enter 键）
指定下一点或[放弃(**U**)]：@130,0	（按 Enter 键）
指定下一点或[放弃(**U**)]：	（按 Enter 键）

绘制结果如图 2-23 所示。

（4）绘制中心线以下的图形

单击功能区"默认"选项卡"修改"面板中的"镜像"图标 ，命令行及操作显示如下。

命令：_mirror	
选择对象：找到 1 个	（单击 *ABCDEF* 多段线）
选择对象：找到 1 个，总计 2 个	（单击 *GH* 直线）
选择对象：	（按 Enter 键）
指定镜像线的第一点：	（捕捉 *A* 点）
指定镜像线的第二点：	（捕捉 *F* 点）
要删除源对象吗？[是(**Y**)/否(**N**)]〈否〉：	（按 Enter 键）

镜像结果如图 2-24 所示。

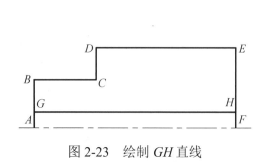

图 2-23　绘制 *GH* 直线

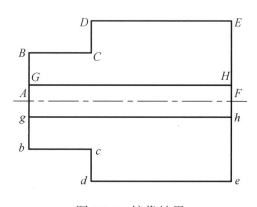

图 2-24　镜像结果

4．剖面的图案填充

将图层 4 设置为当前图层。单击功能区"默认"选项卡"绘图"面板中的"图案填充"图标 ，弹出"图案填充创建"选项卡，如图 2-25 所示→单击"图案"面板中的"ANSI31"样例 →将"填充图案比例"调整为 1.8→单击"拾取点"图标 →单击 *GBCDEH* 封闭区内一点和中心线以下对称的封闭区内一点→单击"关闭图案填充创建"按钮 ，剖面线填充完成，如图 2-26 所示。

图 2-25　"图案填充创建"选项卡

5．尺寸、工程符号及文字的标注

将图层 5 设置为当前图层。

（1）设置文字样式

单击功能区"注释"选项卡"文字"面板中的"文字样式"下拉列表 ，弹出"文字样式"下拉列表选项，如图 2-27 所示→单击"管理文字样式…"选项，弹出"文字样式"对话框，如图 2-28 所示→单击"新建"按钮，弹出"新建文字样式"对话框，如图 2-29 所示→在"样式名"中采用默认名称"样式 1"，单击"确定"按钮，返回"文字样式"对话框→"字体名"选择 isocp.shx，"高度"文本框中输入 7；"宽度因子"文本框中输入 0.7，如图 2-30 所示→单击"应用"按钮→单击"关闭"按钮。

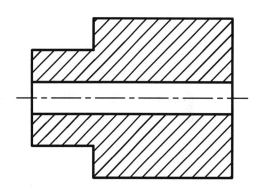

图 2-26　图案填充后图形

图 2-27　"文字样式"下拉列表选项

图 2-28　"文字样式"对话框

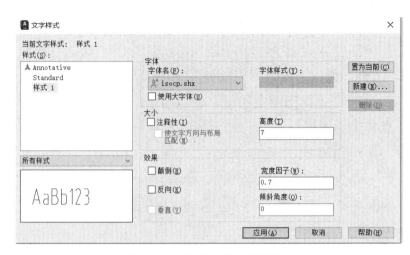

图 2-29 "新建文字样式"对话框　　　　图 2-30 样式 1 的文字样式

（2）设置标注样式

单击功能区"注释"选项卡"标注"面板中的"标注样式"下拉列表 ISO-25
→选择"管理标注样式..."选项，如图 2-31 所示，弹出"标注样式管理器"对话框，如图 2-32
所示→单击"新建"按钮，弹出"创建新标注样式"对话框，如图 2-33 所示→在"新样式名"
文本框中输入 y1→单击"继续"按钮，弹出"新建标注样式：y1"对话框，如图 2-34 所示。

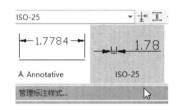

图 2-31 "标注样式"下拉列表选项

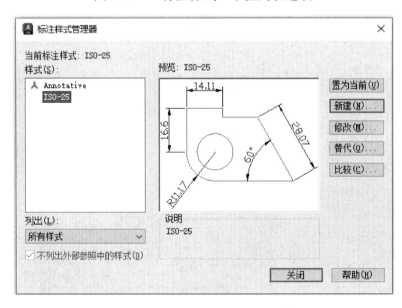

图 2-32 "标注样式管理器"对话框

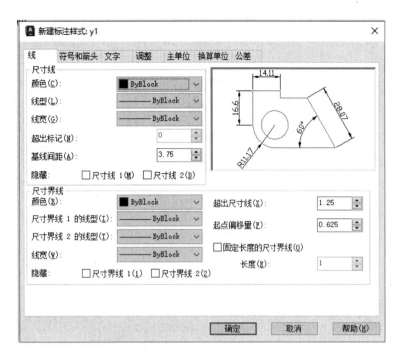

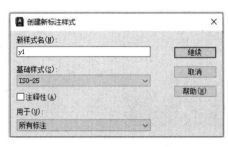

图 2-33 "创建新标注样式"对话框   图 2-34 "新建标注样式"对话框

● "线"选项卡中:"基线间距"数值框中输入 7;"超出尺寸线"数值框中输入 3;"起点偏移量"数值框中输入 0,如图 2-35 所示。

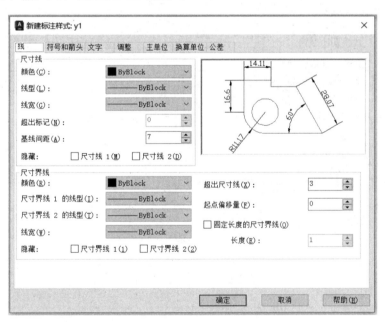

图 2-35 "线"选项卡

● "符号和箭头"选项卡中:"箭头大小"数值框中输入 5,如图 2-36 所示。

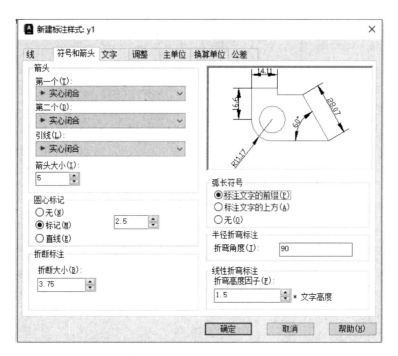

图 2-36　"符号和箭头"选项卡

● "文字"选项卡中："文字样式"选择"样式1"；"从尺寸线偏移"数值框中输入1，如图 2-37 所示。

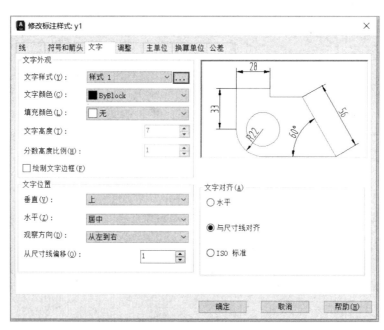

图 2-37　"文字"选项卡

● "调整"选项卡中：单击"箭头"选项，如图 2-38 所示。

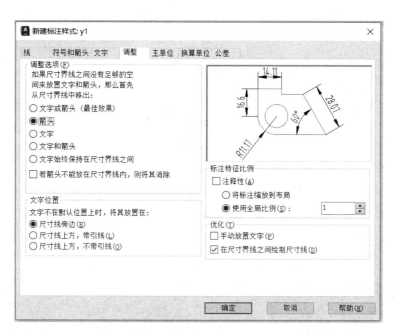

图 2-38　"调整"选项卡

● "主单位"选项卡中："精度"选择"0"，"舍入"数值框中输入 0.005；"消零"选区中勾选"后续"复选框，如图 2-39 所示。

图 2-39　"主单位"选项卡

单击"确定"按钮，返回"标注样式管理器"对话框，在"样式"列表框中选择"y1"选项→单击"置为当前"按钮→单击"关闭"按钮。

（3）标注轴向尺寸 40、90

单击功能区"默认"选项卡"图层"面板中的"图层"下拉列表 💡 ☀ 🔓 ■ 0 　　　　 ▼ →单击图层 4 的"开/关图层"图标 💡，关闭图层 4，将图层 5 设置为当前图层，如图 2-40 所示。

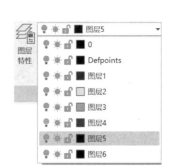

图 2-40　图层设置

单击功能区"注释"选项卡"标注"面板中的"线性"图标 ⊢⌐ ，命令行及操作显示如下。

命令：_dimlinear	
指定第一个尺寸界线原点或<选择对象>：	（捕捉 b 点）
指定第二条尺寸界线原点：	（捕捉 d 点）
指定尺寸线位置或	
[多行文字(M)/文字(T)/角度(A)/水平(H)/垂直(V)/旋转(R)]：	（在合适的位置单击一下）
标注文字 =40	

单击功能区"注释"选项卡"标注"面板中的"连续"图标 ⊦⫫⊦ ，命令行及操作显示如下。

命令：_dimcontinue	
指定第二个尺寸界线原点或 [选择(S)/放弃(U)] <选择>：	（捕捉 e 点）
标注文字 = 90	
指定第二个尺寸界线原点或 [选择(S)/放弃(U)] <选择>：	（按 Enter 键）

轴向尺寸标注如图 2-41 所示。

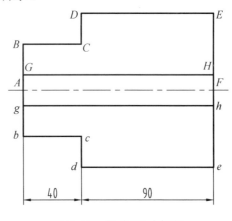

图 2-41　轴向尺寸标注

（4）标注径向尺寸 $\phi20$、$\phi60$、$\phi100$

单击功能区"注释"选项卡"标注"面板按钮 ↘ ，弹出"标注样式管理器"对话框→单击"新建"按钮，弹出"创建新标注样式"对话框→在"新样式名"文本框中输入 y2→单击"继续"按钮，弹出"新建标注样式：y2"对话框，如图 2-42 所示→选择"主单位"选项卡，在"前缀"文本框中输入%%C→单击"确定"按钮，返回"标注样式管理器"对话框→在"样式"列表框中选择"y2"选项→单击"置为当前"按钮→单击"关闭"按钮。

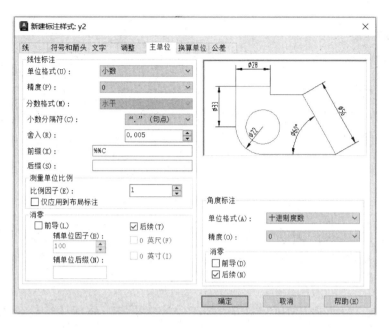

图 2-42　"新建标注样式：y2" 对话框

单击功能区"注释"选项卡"标注"面板中的"线性"图标 ⊢⊣，命令行及操作显示如下。

命令：_dimlinear

指定第一个尺寸界线原点或〈选择对象〉：　　　　　　　　　　　（捕捉 *G* 点）

指定第二条尺寸界线原点：　　　　　　　　　　　　　　　　　（捕捉 *g* 点）

指定尺寸线位置或[多行文字(**M**)/文字(**T**)/角度(**A**)/水平(**H**)/垂直(**V**)/旋转(**R**)]：

　　　　　　　　　　　　　　　　　　　　　　（在合适的位置单击一下）

标注文字 = 20

右击，弹出快捷菜单，如图 2-43 所示→单击"重复 DIMLINEAR(R)"选项，命令行及操作显示如下。

图 2-43　快捷菜单

命令：**DIMLINEAR**

指定第一个尺寸界线原点或<选择对象>： （捕捉 *B* 点）

指定第二条尺寸界线原点： （捕捉 *b* 点）

指定尺寸线位置或[多行文字(**M**)/文字(**T**)/角度(**A**)/水平(**H**)/垂直(**V**)/旋转(**R**)]：

（在合适的位置单击一下）

标注文字 = **60**

右击，弹出快捷菜单→单击"重复 DIMLINEAR(R)"选项，命令行及操作显示如下。

命令：**DIMLINEAR**

指定第一个尺寸界线原点或<选择对象>： （捕捉 *E* 点）

指定第二条尺寸界线原点： （捕捉 *e* 点）

指定尺寸线位置或[多行文字(**M**)/文字(**T**)/角度(**A**)/水平(**H**)/垂直(**V**)/旋转(**R**)]：

（在合适的位置单击一下）

标注文字 = **100**

径向尺寸标注如图 2-44 所示。

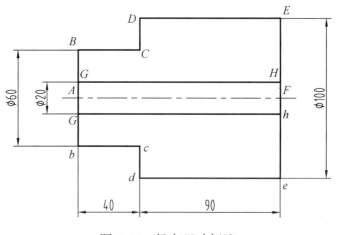

图 2-44　径向尺寸标注

（5）标注几何公差

单击功能区"注释"选项卡"引线"面板按钮 ⬎，弹出"多重引线样式管理器"对话框，如图 2-45 所示→单击"新建"按钮，弹出"创建新多重引线样式"对话框→在"新样式名"文本框中输入 y1，如图 2-46 所示→单击"继续"按钮，弹出"修改多重引线样式：y1"对话框→单击"引线格式"选项卡，在"箭头"选区的"大小"数值框中输入 5，如图 2-47 所示→单击"引线结构"选项卡，在"最大引线点数"数值框中输入 3，如图 2-48 所示→单击"确定"按钮，返回"多重引线样式管理器"对话框→在"样式"列表框中选择"y1"选项→单击"置为当前"按钮→单击"关闭"按钮，即将 y1 样式置为当前样式。

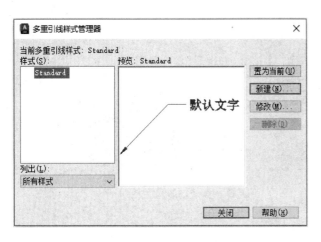

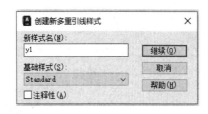

图 2-45　"多重引线样式管理器"对话框　　　　图 2-46　"创建新多重引线样式"对话框

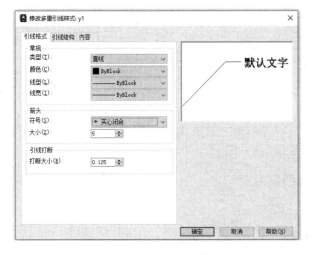

图 2-47　"引线格式"选项卡　　　　　　　图 2-48　"引线结构"选项卡

单击状态栏中的"正交"图标，开启正交模式。

单击功能区"注释"选项卡"引线"面板中的"多重引线"图标，命令行及操作显示如下。

命令：_mleader
指定引线箭头的位置或 [预输入文字(T)/引线基线优先(L)/内容优先(C)/选项(O)]〈选项〉：
（捕捉 ϕ60 尺寸线的上侧箭头端点）
指定下一点：　　　　　　　　　　　　　　（鼠标向上，在合适的位置单击一下）
指定引线基线的位置：　　　　　　　　　　（鼠标向右，在合适的位置单击一下）

再单击一下，引线命令结束，绘制出一条引线。

单击功能区"注释"选项卡"标注"面板的下拉菜单按钮 标注 ▼ →单击"公差"图标，弹出"形位公差"（新国标中称为几何公差）对话框，如图 2-49 所示→单击"符号"下的黑框，弹出"特征符号"对话框，如图 2-50 所示→选择圆柱度符号 →单击"公差1"左侧黑框，显示直径符号，在中间框中输入 0.05→单击"确定"按钮→捕捉引线的右端点，结果如图 2-51 所示。

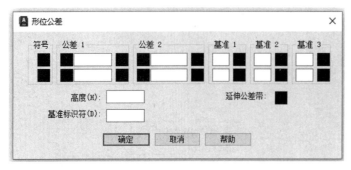

图 2-49　"形位公差"对话框　　　　　　图 2-50　"特征符号"对话框

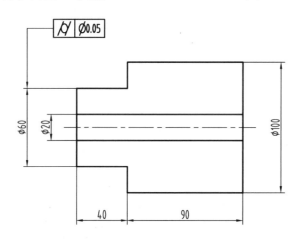

图 2-51　形位公差标注结果

（6）文字标注

单击功能区"默认"选项卡"文字"面板中的"文字"图标 下方的三角按钮（后文中称为"文字"下拉菜单按钮 ，类似的按钮名称做同样的处理），在弹出的下拉菜单中选择"多行文字"选项，命令行及操作显示如下。

```
命令：_mtext
当前文字样式："样式 1"　文字高度：7　注释性：否
指定第一角点：                                    （在图中拾取一点）
指定对角点或[高度（H）/对正（J）/行距（L）/旋转（R）/样式（S）/宽度（W）/栏（C）]：
                                                  （在图中拾取第二点）
```

在出现的文本框中输入"发蓝"，单击文本框外任意一点，完成文字的输入。因为文字样式 1 的文字高度为 7，文字较小，需要修改文字大小，选择"发蓝"两字，右击，弹出快捷菜单→单击"编辑多行文字"选项，弹出"文字编辑器"选项卡→在文本框中选中"发蓝"两字→在"文字编辑器"选项卡的"文字高度"文本框中输入 10，如图 2-52 所示→按 Enter键→单击"关闭文字编辑器"按钮 ，文字大小修改完成。

图 2-52　"文字编辑器"选项卡

显示图层4，完成整个轴零件平面图的绘制，如图2-1所示。

注意：1. 分别以绝对坐标、相对坐标的方式输入点绘制直线。

2. 命令窗口中输入数字和符号时，应该是"英文"或 ▦ 状态，如图2-53所示。

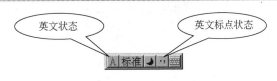

图 2-53　输入法状态

 任务评价

完成任务后，填写表2-1。

表 2-1　任务评价表

项目	序号	评价标准	自我评价	教师评价
绘图技能	1	会操作图形界限功能	□完成 □基本完成 □继续学习	□好 □较好 □一般
	2	会操作捕捉功能	□完成 □基本完成 □继续学习	□好 □较好 □一般
	3	会进行图层设置	□完成 □基本完成 □继续学习	□好 □较好 □一般
	4	会绘制直线	□完成 □基本完成 □继续学习	□好 □较好 □一般
	5	会绘制多段线	□完成 □基本完成 □继续学习	□好 □较好 □一般
	6	会操作镜像功能	□完成 □基本完成 □继续学习	□好 □较好 □一般
	7	会操作图案填充功能	□完成 □基本完成 □继续学习	□好 □较好 □一般
	8	会操作标注功能	□完成 □基本完成 □继续学习	□好 □较好 □一般
其他项目	1	遵守纪律	□好 □较好 □一般	□好 □较好 □一般
	2	认真听讲和练习绘图操作	□好 □较好 □一般	□好 □较好 □一般
	3	积极参与讨论和交流	□好 □较好 □一般	□好 □较好 □一般
	4	规范开关计算机设备	□好 □较好 □一般	□好 □较好 □一般

 任务小结

★本任务介绍了文字样式、标准样式的设置及轴向尺寸、径向尺寸、几何公差、文字的标注方法；综合运用了"直线""多段线""镜像""图案填充""标注"等功能进行绘图。

★本任务采用绝对坐标和相对坐标的方法绘制直线，绘制直线的方法有多种，本任务使用的只是其中一种。

★按照国家制图标准进行文字及数字样式的设置。

任务拓展

★如图2-54所示，思考为什么拉杆零件需要悬挂保存。

图 2-54　拉杆零件悬挂保存

★扫二维码观看拉杆零件平面图的绘制视频，根据图 2-55 所示图样，分组协作完成拉杆零件平面图的绘制。

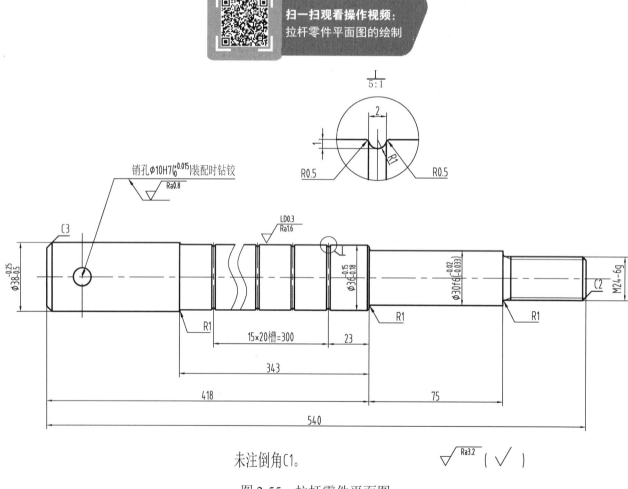

未注倒角C1。

图 2-55　拉杆零件平面图

任务 3   五角星平面图的绘制

任务目标

根据图 3-1 所示图样，完成五角星平面图的绘制。

图 3-1   五角星平面图

任务要点

五角星是由相同的图形按圆周均匀排列而成的图形。根据这一图形特点，先绘制出均匀排列结构中的一个图形，再用"环形阵列"功能生成其他图形。

任务实施

（一）实施流程（参见图 3-2）

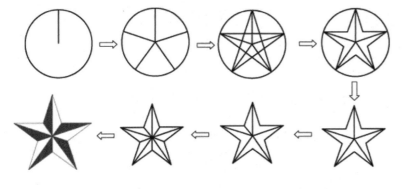

扫一扫：
观看操作视频

图 3-2   流程图

（二）实施步骤

双击 Windows 桌面上的 AutoCAD 2024 图标 ，启动软件，进入 AutoCAD 2024 中文版初始界面→单击快速访问工具栏中的"新建"图标 ，弹出"选择样板"对话框，→单击"打开"按钮右侧的 按钮→单击"无样板打开-公制"选项，如图 3-3 所示，即打开了一个"默认设置"的界面。

1. 设置绘图环境

（1）设置图形界限

在命令窗口中输入"LIMITS"，回车，命令行及操作显示如下。

命令：LIMITS

重新设置模型空间界限：

指定左下角点或［开（ON）/关（OFF）］<0.0000,0.0000>：　　　　　　　　　　（按 Enter 键）

指定右上角点<420.0000,297.0000>：500,350　　　　　　　　　　　　　（按 Enter 键）

图形界限设定为长 500mm，宽 350mm 的矩形平面。

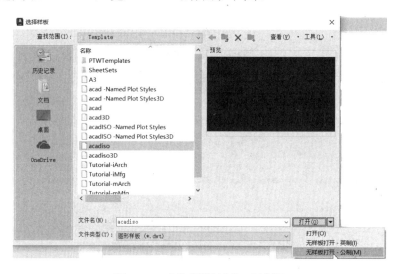

图 3-3　"选择样板"对话框

单击状态栏中的"栅格"图标⊞，显示绘图区域栅格→单击"导航栏"中的"范围缩放"图标，长 500mm，宽 350mm 的图形界限最大化显示在绘图区域中，如图 3-4 所示。

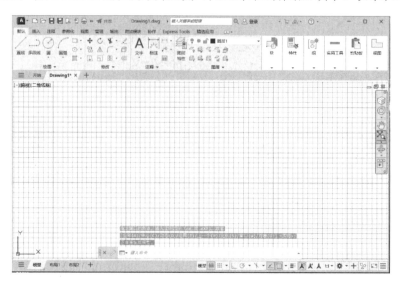

图 3-4　图形界限最大化显示

（2）设置捕捉

右击状态栏中"捕捉模式"图标⊞→在弹出的快捷菜单中单击"捕捉设置"选项→在弹

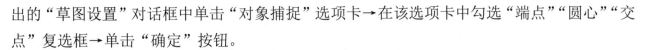

出的"草图设置"对话框中单击"对象捕捉"选项卡→在该选项卡中勾选"端点""圆心""交点"复选框→单击"确定"按钮。

2．设置图层

单击功能区"默认"选项卡"图层"面板中"图层特性"图标，弹出"图层特性管理器"对话框→新建 1 个图层，将图层 1 的颜色设置为红色→单击"确定"按钮。

保存文件，文件名：五角星。

3．绘制图形

（1）绘圆

单击功能区"默认"选项卡"绘图"面板中的"圆"图标，命令行及操作显示如下。

命令：_circle	
指定圆的圆心或 ［三点(3P)/两点(2P)/切点、切点、半径(T)］：250,150	（按 Enter 键）
指定圆的半径或 ［直径(D)］：100	（按 Enter 键）

绘制了一个圆心坐标为（250，150），半径为 100 的圆，如图 3-5 所示。

（2）绘制 AR 直线

单击状态栏中的"栅格"图标，关闭绘图区域栅格。

单击功能区"默认"选项卡"绘图"面板中的"直线"图标，命令行及操作显示如下。

命令：_line	
指定第一个点：	（单击圆，即捕捉圆心）
指定下一点或 ［放弃(U)］：@0,100	（按 Enter 键）
指定下一点或 ［放弃(U)］：	（按 Enter 键）

绘制的直线如图 3-6 所示。

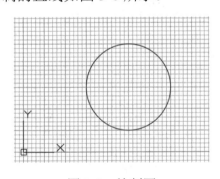

图 3-5　绘制圆

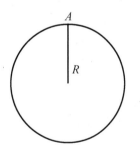

图 3-6　绘制 AR 直线

（3）绘制 BR、CR、DR、ER 直线

单击功能区"默认"选项卡"修改"面板中的"阵列"下拉菜单按钮，显示下拉菜单选项，如图 3-7 所示→选择" 环形阵列"选项，命令行及操作显示如下。

图 3-7　下拉菜单选项

命令：_arraypolar	
选择对象：找到 1 个	（单击 AR 直线）
选择对象：	（右击）

类型=极轴　关联=是

指定阵列的中心点或［基点(**B**)/旋转轴(**A**)]:　　　　　　　　　（捕捉 *R* 点）

选择夹点以编辑阵列或［关联(**AS**)/基点(**B**)/项目(**I**)/项目间角度(**A**)/填充角度(**F**)/行(**ROW**)/层(**L**)/

旋转项目(**ROT**)/退出(**X**)]<退出>:　　　　　　　　　　　（在"阵列创建"选项卡的"项目数"文本

框中输入 5，如图 3-8 所示，按 Enter 键）

选择夹点以编辑阵列或［关联(**AS**)/基点(**B**)/项目(**I**)/项目间角度(**A**)/填充角度(**F**)/行(**ROW**)/层(**L**)/

旋转项目(**ROT**)/退出(**X**)]<退出>:　　　　　　　　　　　（按 Enter 键）

绘制的 *BR*、*CR*、*DR*、*ER* 直线如图 3-9 所示。

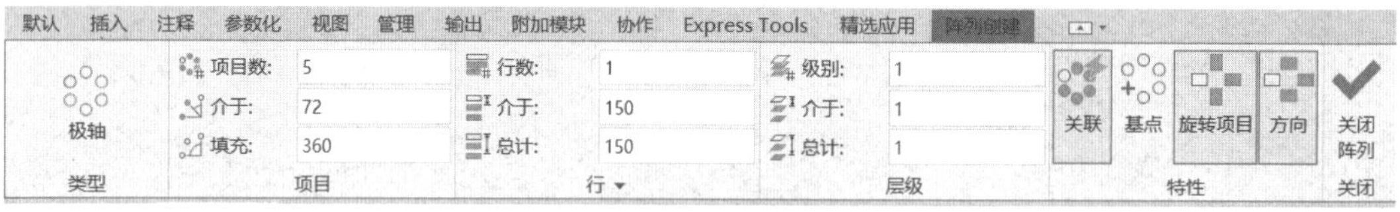

图 3-8　"阵列创建"选项卡

（4）绘制 *AC*、*CE*、*EB*、*BD*、*DA* 直线

单击功能区"默认"选项卡"绘图"面板中的"直线"图标 ✐，命令行及操作显示如下。

命令：**_line**

指定第一个点:　　　　　　　　　　　　　　　　　　　（捕捉 *A* 点）

指定下一点或［放弃(**U**)]:　　　　　　　　　　　　　（捕捉 *C* 点）

指定下一点或［放弃(**U**)]:　　　　　　　　　　　　　（捕捉 *E* 点）

指定下一点或［闭合(**C**)/放弃(**U**)]:　　　　　　　　（捕捉 *B* 点）

指定下一点或［闭合(**C**)/放弃(**U**)]:　　　　　　　　（捕捉 *D* 点）

指定下一点或［闭合(**C**)/放弃(**U**)]:　　　　　　　　（捕捉 *A* 点）

指定下一点或［闭合(**C**)/放弃(**U**)]:　　　　　　　　（按 Enter 键）

绘制结果如图 3-10 所示。

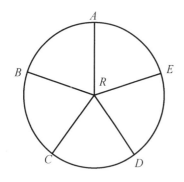

图 3-9　阵列结果

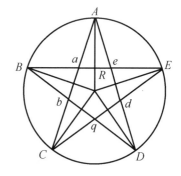

图 3-10　绘制 *AC*、*CE*、*EB*、*BD*、*DA* 直线

（5）修剪 *ab*、*bq*、*qd*、*de*、*ea* 图线

单击功能区"默认"选项卡"修改"面板中的"修剪"图标 ✂，命令行及操作显示如下。

命令：**_trim**

当前设置：投影=UCS,边=无,模式=快速

选择要修剪的对象，或按住 **Shift** 键选择要延伸的对象，或

[剪切边（T）/窗交（C）/模式（O）/投影（P）/删除（R）/放弃（U）]:	（单击 *ab* 图线）
选择要修剪的对象，或按住 **Shift** 键选择要延伸的对象，或	
[剪切边（T）/窗交（C）/模式（O）/投影（P）/删除（R）/放弃（U）]:	（单击 *bq* 图线）
选择要修剪的对象，或按住 **Shift** 键选择要延伸的对象，或	
[剪切边（T）/窗交（C）/模式（O）/投影（P）/删除（R）/放弃（U）]:	（单击 *qd* 图线）
选择要修剪的对象，或按住 **Shift** 键选择要延伸的对象，或	
[剪切边（T）/窗交（C）/模式（O）/投影（P）/删除（R）/放弃（U）]:	（单击 *de* 图线）
选择要修剪的对象，或按住 **Shift** 键选择要延伸的对象，或	
[剪切边（T）/窗交（C）/模式（O）/投影（P）/删除（R）/放弃（U）]:	（单击 *ae* 图线）
选择要修剪的对象，或按住 **Shift** 键选择要延伸的对象，或	
[剪切边（T）/窗交（C）/模式（O）/投影（P）/删除（R）/放弃（U）]:	（按 Enter 键）

修剪结果如图 3-11 所示。

（6）删除圆

单击功能区"默认"选项卡"修改"面板中的"删除"图标，命令行及操作显示如下。

命令：_erase	
选择对象：找到 **1** 个	（单击圆）
选择对象：	（按 Enter 键）

删除圆后的结果如图 3-12 所示。

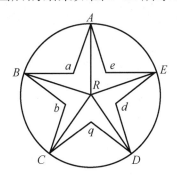

图 3-11　修剪 *ab*、*bq*、*qd*、*de*、*ea* 图线　　　　　图 3-12　删除圆

（7）绘制 *aR* 直线

单击功能区"默认"选项卡"绘图"面板中的"直线"图标，命令行及操作显示如下。

命令：_line	
指定第一个点：	（捕捉 *a* 点）
指定下一点或 [放弃（U）]：	（捕捉 *R* 点）
指定下一点或 [放弃（U）]：	（按 Enter 键）

绘制结果如图 3-13 所示。

（8）绘制 *bR*、*qR*、*dR*、*eR* 直线

单击功能区"默认"选项卡"修改"面板中的"阵列"下拉菜单按钮　阵列 ▾ →选择"环形阵列"选项→单击 *aR* 直线→右击→捕捉圆心，弹出"阵列创建"选项卡→更改"项目数"

为 5→按 Enter 键，再按 Enter 键，结果如图 3-14 所示。

图 3-13　绘制 *aR* 直线

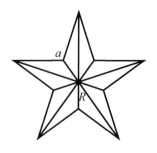

图 3-14　阵列 *aR* 直线

4. 填充图案

单击功能区"默认"选项卡"绘图"面板中的"图案填充"图标，弹出"图案填充创建"选项卡，如图 3-15 所示→单击"图案"面板中的"SOLID"样例■→单击"边界"面板中"拾取点"图标→分别单击五角星的 5 个三角形内部点（5 个三角形间隔选取）→右击→弹出"快捷菜单"→单击"确认"按钮，填充完成，参见图 3-1 所示。

从右下角点到左上角点框选图形，如图 3-16 所示，框选矩形包含或相交的对象全部被选中，如图 3-17 所示→单击功能区"默认"选项卡"图层"面板中的"图层"下拉列表→选择"图层 1"选项→按 Esc 键，五角星变成了红色。

图 3-15　"图案填充创建"选项卡

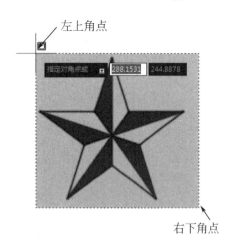

图 3-16　从右下角点到左上角点框选图形

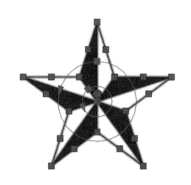

图 3-17　全部选中

> 📖 注意：框选图形是有方向性的。从右下角点到左上角点框选图形，框选矩形包含或相交的对象全部被选中；从左上角点到右下角点框选图形，框选矩形包含的对象全部被选中，相交的对象则不被选中。

任务评价

完成任务后，填写表 3-1。

表 3-1 任务评价表

项目	序号	评价标准	自我评价			教师评价		
绘图技能	1	会操作图形界限功能	□完成	□基本完成	□继续学习	□好	□较好	□一般
	2	会绘制圆	□完成	□基本完成	□继续学习	□好	□较好	□一般
	3	会绘制直线	□完成	□基本完成	□继续学习	□好	□较好	□一般
	4	会操作阵列功能	□完成	□基本完成	□继续学习	□好	□较好	□一般
	5	会操作修剪功能	□完成	□基本完成	□继续学习	□好	□较好	□一般
	6	会操作图案填充功能	□完成	□基本完成	□继续学习	□好	□较好	□一般
	7	会框选图形操作技能	□完成	□基本完成	□继续学习	□好	□较好	□一般
	8	会绘制五星红旗	□完成	□基本完成	□继续学习	□好	□较好	□一般
其他项目	1	遵守纪律	□好	□较好	□一般	□好	□较好	□一般
	2	认真听讲和练习绘图操作	□好	□较好	□一般	□好	□较好	□一般
	3	积极参与讨论和交流	□好	□较好	□一般	□好	□较好	□一般
	4	规范开关计算机设备	□好	□较好	□一般	□好	□较好	□一般

任务小结

★ 本任务综合运用了"圆""直线""阵列""修剪""图案填充"等功能进行绘图。

★ 介绍了框选图形的操作技巧。

任务拓展

★ 扫二维码查阅《中华人民共和国国旗法》，了解《中华人民共和国国旗法》的相关知识，熟悉五星红旗的尺寸及规格的相关规定。

★ 扫二维码查阅"中华人民共和国国旗相关知识"，了解国旗相关重要人物与发展历史。

★ 分小组讨论学习内容，小组代表讲述关于《中华人民共和国国旗法》的相关知识、五星红旗相关人物故事、国旗上大五角星与四颗小五角星的位置关系，以及每颗星所代表的含义。

★ 学习者自主探索完成五星红旗的绘制。

读一读：
中华人民共和国国旗相关知识

读一读：
《中华人民共和国国旗法》

任务4　表面粗糙度符号的绘制

任务目标

根据图4-1、图4-2所示图样，完成表面粗糙度符号的绘制。

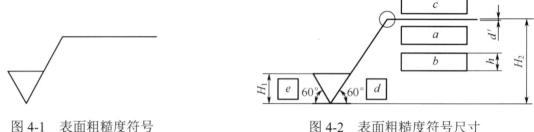

图4-1　表面粗糙度符号　　　　　　图4-2　表面粗糙度符号尺寸

任务要点

表面粗糙度符号的图形由一个顶角向下的正三角形加其右斜边向上延长的直线再加一条水平线构成，如图4-1所示。其尺寸大小可参照国家标准GB/T 1031—2009的规定，当表面粗糙度参数和字母高度为3.5mm时，H_1为5mm，H_2为10.5mm，如图4-2所示。

任务实施

（一）实施流程（参见图4-3）

本任务采用两种方法绘制表面粗糙度符号。

● 画法一：先绘制一条水平线→根据规定的距离"偏移"画出两条线→运用"极轴追踪"功能绘制出两条与水平方向分别成60°、120°的斜线→使用"修剪""删除"命令剪掉和删除多余的图线。

● 画法二：利用"直线""正多边形"命令及"极轴追踪"功能绘制出一个顶角向下的正三角形→利用"分解"命令将正三角形进行分解→将正三角形的水平边向上偏移规定的距离→将偏移得到的直线水平向右拉伸适当的长度→将正三角形右斜边延伸到规定的距离→使用"修剪"或"延伸"命令绘制出表面粗糙度符号。

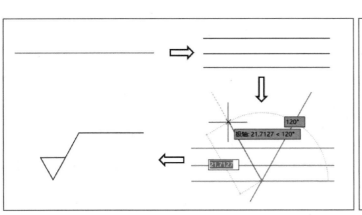
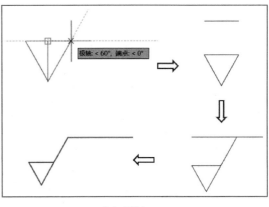

（a）画法一　　　　　　　　　　　　　　　（b）画法二

图 4-3　流程图

扫一扫：
观看操作视频

（二）实施步骤

1. 画法一

① 双击 Windows 桌面上的 AutoCAD 2024 图标 ，启动软件，单击左侧"开始"选项卡中的 新建 按钮，新建一个文件。

② 单击状态栏中的"栅格"图标 ，关闭绘图区域栅格→单击"正交"图标 ，使其处于选中状态（即开启正交模式）→单击功能区"默认"选项卡"绘图"面板中的"直线"图标 ，命令行及操作显示如下。

命令：_line
指定第一个点：　　　　　　　　　　　　　　　（单击绘图区域内任意一点）
指定下一点或［放弃（U）］：　　　　　　　　　（鼠标水平右移，单击绘图区域内另一点）
指定下一点或［放弃（U）］：　　　　　　　　　（按 Enter 键）

绘制直线如图 4-4 所示。

③ 单击功能区"默认"选项卡"修改"面板中的"偏移"图标 ，命令行及操作显示如下。

命令：_offset
当前设置：删除源=否　图层=源　OFFSETGAPTYPE=0
指定偏移距离或［通过（T）/删除（E）/图层（L）］〈通过〉：5　　　　　　（按 Enter 键）
选择要偏移的对象，或［退出（E）/放弃（U）］〈退出〉：　　　　　　　　（单击直线）
指定要偏移的那一侧上的点，或［退出（E）/多个（M）/放弃（U）］〈退出〉：（单击直线上方一点）
选择要偏移的对象，或［退出（E）/放弃（U）］〈退出〉：　　　　　　　　（按 Enter 键）

偏移直线如图 4-5 所示。

任意一点　　　　另一点

图 4-4　绘制直线　　　　　　　　　　　　图 4-5　偏移直线

④ 单击功能区"默认"选项卡"修改"面板中的"偏移"图标 ⊆ ，命令行及操作显示如下。

命令：_offset
当前设置：删除源=否　图层=源　OFFSETGAPTYPE=0
指定偏移距离或［通过(T)/删除(E)/图层(L)］<5.0000>：10.5　　　　（按 Enter 键）
选择要偏移的对象，或［退出(E)/放弃(U)］<退出>：　　　　　　（单击下面那条直线）
指定要偏移的那一侧上的点，或［退出(E)/多个(M)/放弃(U)］<退出>：　（单击直线上方一点）
选择要偏移的对象，或［退出(E)/放弃(U)］<退出>：　　　　　　（按 Enter 键）

偏移结果如图 4-6 所示。

图 4-6　偏移出上面一条直线

⑤ 单击状态栏中的"极轴追踪"图标 ⊘ ，使其处于选中状态→单击"极轴追踪"下拉菜单按钮 ⊘▾ →单击"正在追踪设置…"选项→弹出"草图设置"对话框，如图 4-7 所示→单击"极轴追踪"选项卡→"增量角"选择 30→单击"确定"按钮。

⑥ 单击功能区"默认"选项卡"绘图"面板中的"直线"图标 ╱ →单击图形下方一点→鼠标向右上方移动，出现与水平方向成 60° 的虚线时，沿着这条虚线，在三条水平线的上方单击一下→按 Enter 键，如图 4-8 所示。

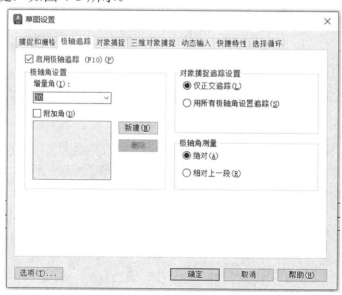

图 4-7　"草图设置"对话框

⑦ 单击功能区"默认"选项卡"绘图"面板中的"直线"的图标 ╱ ，命令行及操作显示如下。

命令：_line

指定第一个点：　　　　　　　　（启用"对象捕捉"功能，捕捉斜线与最下面一条水平线的交点）

指定下一点或［放弃(U)］：　　　（找到与水平方向成 120° 的虚线，沿此虚线在三条水平线的上方

　　　　　　　　　　　　　　　　　　单击一下）

指定下一点或［放弃(U)］：　　　（按 Enter 键）

绘制结果如图 4-9 所示。

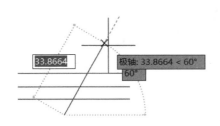
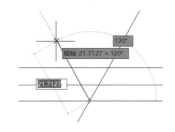

图 4-8　绘制与水平方向成 60° 的斜线　　　　图 4-9　绘制与水平方向成 120° 的斜线

⑧ 单击功能区"默认"选项卡"修改"面板中的"修剪"图标 ✂，命令行及操作显示如下。

命令：_trim

当前设置：投影=UCS,边=无,模式=快速

选择要修剪的对象，或按住 Shift 键选择要延伸的对象或

[剪切边(T)/窗交(C)/模式(O)/投影(P)/删除(R)]：　　　　　　　　　（单击要剪掉的图线）

选择要修剪的对象，或按住 Shift 键选择要延伸的对象或

[剪切边(T)/窗交(C)/模式(O)/投影(P)/删除(R)/放弃(U)]：　　　　　　（单击要剪掉的图线）

选择要修剪的对象，或按住 Shift 键选择要延伸的对象或

[剪切边(T)/窗交(C)/模式(O)/投影(P)/删除(R)/放弃(U)]：　　　　　　（单击要剪掉的图线）

……

选择要修剪的对象，或按住 Shift 键选择要延伸的对象或

[剪切边(T)/窗交(C)/模式(O)/投影(P)/删除(R)/放弃(U)]：　　　　　　（按 Enter 键）

修剪结果如图 4-10 所示。

图 4-10　修剪结果

⑨ 单击功能区"默认"选项卡"绘图"面板中的"直线"图标 ╱，命令行及操作显示如下。

命令：_line

指定第一个点：　　　　　　　　（捕捉右斜边的上端点，在正交模式打开的状态下鼠标右移）

指定下一点或［放弃(U)］：15　（按 Enter 键）

指定下一点或［放弃(U)］：　　　（按 Enter 键）

绘制结果如图 4-1 所示。

📖 注意："极轴追踪"功能的用法。

2. 画法二

① 单击功能区"默认"选项卡"绘制"面板中的"直线"图标 ╱，命令行及操作显示如下。

命令：_line	
指定第一个点：〈正交 开〉	（在正交模式下，单击绘图区域内任意一点，鼠标上移）
指定下一点或 [放弃(U)]：5	（按 Enter 键）
指定下一点或 [放弃(U)]：	（按 Enter 键）

② 双击鼠标中键，将图形显示放大，滚动鼠标中键调整直线至合适的显示大小。调整结果如图 4-11 所示。

③ 单击功能区"默认"选项卡"绘制"面板中的"矩形"下拉菜单按钮 ▭ ▾ →单击"多边形"图标 ⬠，命令行及操作显示如下。

命令：_polygon 输入侧面数〈4〉：3	（按 Enter 键）
指定正多边形的中心点或 [边(E)]：e	（按 Enter 键）
指定边的第一个端点：〈正交 关〉	（在非正交模式下，捕捉直线的下端点）
指定边的第二个端点：	（将增量角设置为30°的"极轴追踪"功能 ⟳ 打开，同时将"对象捕捉追踪"功能 ∠ 打开，将光标移至直线的上端点，再慢慢水平向右移动光标，直到图形如图 4-13 所示时，单击鼠标）

绘制正三角形结果如图 4-12 所示。

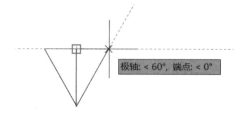

图 4-11 绘制长度为5的直线　　　　　　　　　图 4-12 绘制正三角形

④ 单击功能区"默认"选项卡"修改"面板中的"分解"图标 ⬚，命令行及操作显示如下。

命令：_explode	
选择对象：找到 1 个	（单击正三角形）
选择对象：	（右击）

将正三角形分解。

⑤ 单击功能区"默认"选项卡"修改"面板中的"删除"图标 ✏，命令行及操作显示如下。

命令：_erase	
选择对象：找到 1 个	（单击长度为5的直线）
选择对象：	（右击）

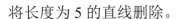

将长度为 5 的直线删除。

⑥ 单击功能区"默认"选项卡"修改"面板中的"偏移"图标⊂，命令行及操作显示如下。

命令：_offset
当前设置：删除源=否　图层=源　OFFSETGAPTYPE=0
指定偏移距离或［通过(T)/删除(E)/图层(L)］<通过>：5.5　　　　　　（按 Enter 键）
选择要偏移的对象，或［退出(E)/放弃(U)］<退出>：　　　　　（单击正三角形的水平边）
指定要偏移的那一侧上的点，或［退出(E)/多个(M)/放弃(U)］<退出>：　　（在水平边上方单击一下）
选择要偏移的对象，或［退出(E)/放弃(U)］<退出>：　　　　　　　（按 Enter 键）

偏移结果如图 4-13 所示。

⑦ 单击偏移得到的直线，即选中直线→单击右端蓝色的夹点，使其变成红色的点→将其水平拉伸（在正交模式下）到合适位置单击一下，如图 4-14 所示→按"Esc"键，得到的图形如图 4-15 所示。

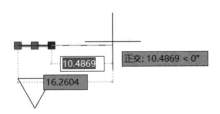

图 4-13　偏移结果　　　　　　图 4-14　拉伸直线过程　　　　　图 4-15　拉伸直线结果

⑧ 单击功能区"默认"选项卡"修改"面板中的"修剪"下拉菜单按钮✂ ，单击"延伸"图标→|，命令行及操作显示如下。

命令：_extend
当前设置：投影=UCS,边=无,模式=快速
选择要延伸的对象，或按住 Shift 键选择要修剪的对象或
［边界边(B)/窗交(C)/模式(O)/投影(P)］：　　　　　　（单击与水平方向成 60° 的边）
选择要延伸的对象，或按住 Shift 键选择要修剪的对象或
［边界边(B)/窗交(C)/模式(O)/投影(P)/放弃(U)］：　　　　　　（按 Enter 键）

延伸结果如图 4-16 所示。

⑨ 删除上面的水平线，如图 4-17 所示。

图 4-16　延伸结果　　　　　　　　　　　　图 4-17　删除水平线

⑩ 在命令窗口中输入"直线"快捷命令"L"，回车，命令行及操作显示如下。

命令：_line
指定第一个点：　　　　　　（捕捉右斜边的上端点，在状态栏中选中"正交"图标┗，鼠标右移）

指定下一点或［放弃(U)］: 15	（按 Enter 键）
指定下一点或［放弃(U)］:	（按 Enter 键）

绘制结果如图 4-1 所示。

⑪ 保存文件。

📖 注意: 直线"拉伸"和直线"延伸"的区别。

 任务评价

完成任务后，填写表 4-1。

表 4-1　任务评价表

项目	序号	评价标准	自我评价	教师评价
绘图技能	1	会绘制直线	□完成 □基本完成 □继续学习	□好 □较好 □一般
	2	会操作捕捉功能	□完成 □基本完成 □继续学习	□好 □较好 □一般
	3	会进行偏移设置	□完成 □基本完成 □继续学习	□好 □较好 □一般
	4	会绘制正多边形	□完成 □基本完成 □继续学习	□好 □较好 □一般
	5	会操作分解功能	□完成 □基本完成 □继续学习	□好 □较好 □一般
	6	会操作延伸功能	□完成 □基本完成 □继续学习	□好 □较好 □一般
	7	会操作极轴追踪功能	□完成 □基本完成 □继续学习	□好 □较好 □一般
	8	会操作对象捕捉追踪功能	□完成 □基本完成 □继续学习	□好 □较好 □一般
其他项目	1	遵守纪律	□好 □较好 □一般	□好 □较好 □一般
	2	认真听讲和练习绘图操作	□好 □较好 □一般	□好 □较好 □一般
	3	积极参与讨论和交流	□好 □较好 □一般	□好 □较好 □一般
	4	规范开关计算机设备	□好 □较好 □一般	□好 □较好 □一般

 任务小结

本任务介绍了两种绘制表面粗糙度符号的方法；综合运用了"直线""偏移""修剪""正多边形""分解""延伸""删除"等功能进行绘图；讲解并演示了"极轴追踪"及"对象捕捉追踪"功能的应用。

🔗 任务拓展

★了解关于表面粗糙度的典型选用场合，不同表面粗糙度可采用的工艺方法的经济性差别。

★在图纸绘制时练习使用表面粗糙度符号的标注技巧。

扫一扫观看操作视频：
表面粗糙度符号选用的考虑因素和标注技巧

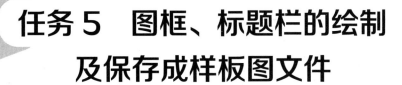

任务 5　图框、标题栏的绘制及保存成样板图文件

任务目标

如图 5-1 所示为 A3 图框及标题栏。根据图 5-2、图 5-3 所示图样，完成 A3 图框及标题栏的绘制，并保存成样板图文件。

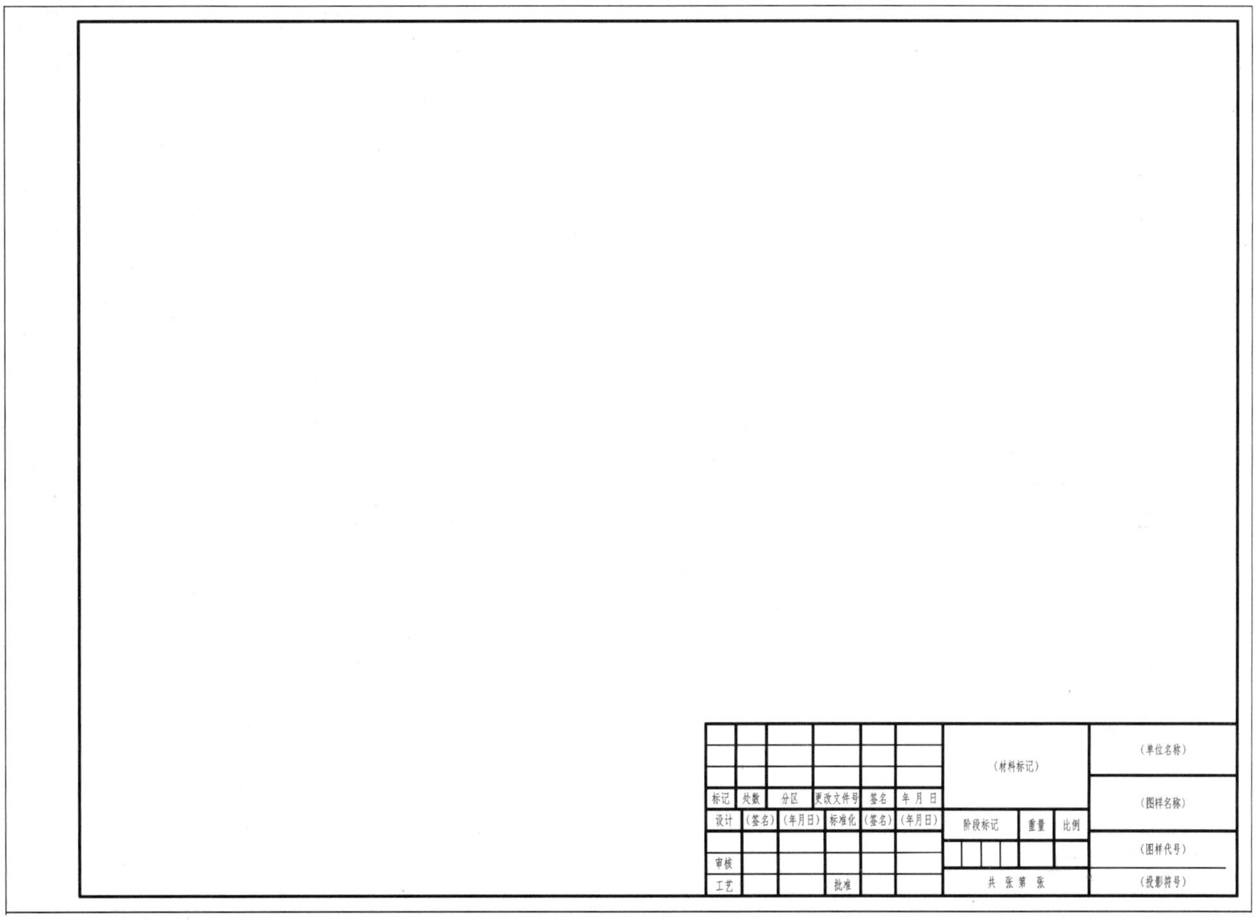

图 5-1　A3 图框及标题栏

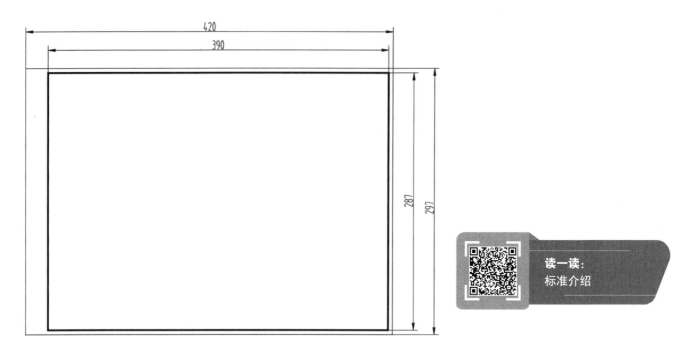

图 5-2　A3 图框

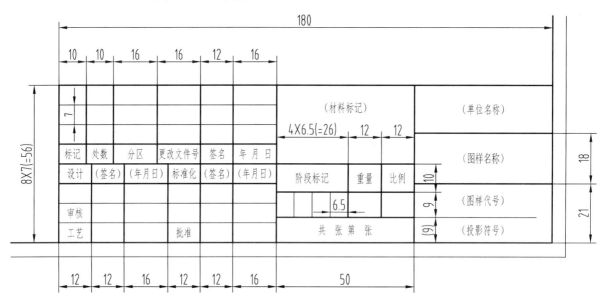

图 5-3　标题栏

任务要点

图框由两个矩形组成，图框的大小和相互位置关系采用国家标准 GB/T 14689—2008《技术制图 图纸幅面和格式》的相关要求，如图 5-2 所示。

标题栏由水平线和垂直线组成的矩形格子构成，其格式和尺寸采用国家标准 GB/T 10609.1—2008《技术制图 标题栏》的要求，如图 5-3 所示。

任务实施

（一）实施流程（参见图 5-4）

根据图框的图形特点，可利用"直线"命令，采用"方向+距离"的方法，完成图框的绘制。

根据标题栏的图形特点，先利用"直线"命令绘制出规定的长度，再将其移动到规定的位置或利用"偏移"命令将直线偏移到规定的位置，完成标题栏的绘制。

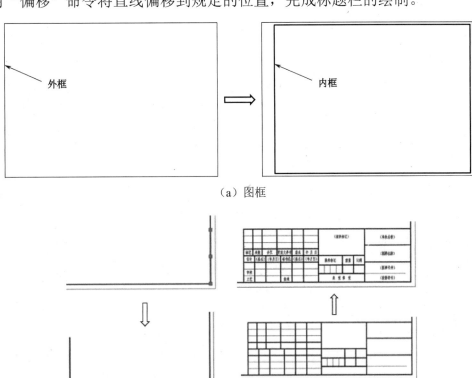

（a）图框

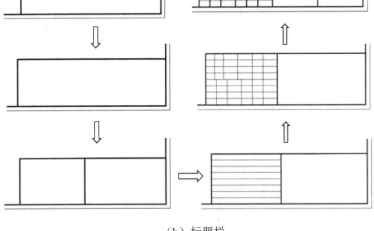

（b）标题栏

图 5-4　流程图

扫一扫：
观看操作视频

（二）实施步骤

1. 建立工作环境（图形界线、缩放、捕捉）

双击 Windows 桌面上的 AutoCAD 2024 图标 ，启动软件，单击左侧"开始"选项卡中的"新建"按钮，如图 5-5 所示，打开有栅格显示的工作界面。

（1）设置图形界限

在命令窗口中输入"LIMITS"，回车，命令行及操作显示如下。

图 5-5　开始选项卡

命令：_limits
重新设置模型空间界限：
指定左下角点或［开(ON)/关(OFF)]〈0.0000，0.0000〉： （按 Enter 键）
指定右上角点〈420.0000，297.0000〉： （按 Enter 键）

采用默认的图形界限设置，即图形界限为长 420mm，宽 297mm 的矩形区域。

（2）设置界面栅格

在状态栏中单击"栅格"图标 ⊞，关闭绘图区域栅格。

（3）设置捕捉

单击状态栏中的"对象捕捉"下拉菜单按钮 □ ▾ →弹出"对象捕捉模式"快捷菜单→选择"端点""中点""交点""垂足"对象捕捉模式→移出鼠标，在绘图区域单击一下→单击"对象捕捉"图标 □，打开"对象捕捉"功能。

2. 设置图层

单击功能区"默认"选项卡"图层"面板中的"图层特性"图标 ，弹出"图层特性管理器"对话框→单击"新建图层"图标 7 次，即建立了 7 个图层→将这 7 个图层分别重命名为粗实线、细实线、文字、标注、中心线、虚线、剖面线。

（1）设置颜色

单击"文字"图层的颜色"■白"，弹出"选择颜色"对话框→单击"洋红"→单击"确定"按钮，即可设置"文字"图层的颜色为"洋红"，用同样的方法将 7 个图层的颜色依次分别设置为"黑"（绘图区域背景为白色）、"黑"、"洋红"、"蓝"、"红"、"黄"、"绿"。

（2）设置线型

单击"中心线"图层的线型"Continuous"，弹出"选择线型"对话框→单击"加载"按钮，弹出"加载或重载线型"对话框→单击"CENTER2"选项，按下 Ctrl 键的同时，单击"HIDDEN"选项→单击"确定"按钮，返回"选择线型"对话框→单击"CENTER2"选项→单击"确定"按钮→返回"图层特性管理器"对话框。单击"虚线"图层的线型"Continuous"，弹出"选择线型"对话框→单击"HIDDEN"选项→单击"确定"按钮。

（3）设置线宽

单击"粗实线"图层的线宽"默认"，弹出"线宽"对话框→选择"0.35mm"选项→单击"确定"按钮→单击"图层特性管理器"对话框的"关闭"按钮，将设置好的图层关闭。
设置好的图层如图 5-6 所示（注意：软件中图层颜色设置为黑色，显示的汉字为"白"，但实
际绘制的图形颜色为黑色）。

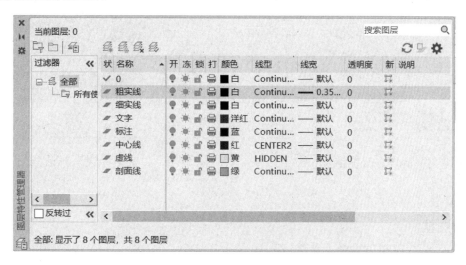

图 5-6　"图层特性管理器"对话框

（4）保存文件

单击"快速访问工具栏"中的"保存"图标 💾，在弹出的"图形另存为"对话框中选择
文件保存路径，文件名为图框与标题栏，保存文件。

📖 注意：在绘图过程中应养成经常保存文件的习惯。

3. 设置文字样式

单击功能区"注释"选项卡"文字"面板按钮 ⬃→弹出"文字样式"对话框→单击"新
建"按钮，弹出"新建文字样式"对话框，如图 5-7 所示→在"样式名"文本框中输入"数
字"→单击"确定"按钮，返回"文字样式"对话框，如图 5-8 所示→"字体名"选择 isocp.shx，
"高度"文本框中输入 5；"宽度因子"文本框中输入 0.7→单击"应用"按钮→单击"关闭"
按钮。用同样的方法设置"文字"的文字样式，设置结果如图 5-9、图 5-10 所示。

图 5-7　"新建文字样式"对话框　　　　　　　图 5-8　"文字样式"对话框

图 5-9 "新建文字样式"对话框　　　　　图 5-10 "文字样式"对话框

4．绘制图形

（1）绘制图框

绘制如图 5-2 所示图框。

● 画法一：

利用"直线"命令（推荐采用），采用"方向+距离"的方法绘制。

● 画法二：

① 绘制外框，用"矩形"命令绘制。

② 绘制内框，用"多段线"命令绘制或定义用户坐标系，将新的用户坐标原点定义为外框左下角。

● 画法三：采用"偏移""修剪"命令绘制。

绘图步骤如下（画法一）。

① 绘制外框。

将细实线图层设置为当前图层。

在命令窗口中输入绘制"直线"的快捷命令"L"，回车，命令行及操作显示如下。

命令：_line
指定第一个点：0,0　　　　　（按 Enter 键，按下状态栏中的"正交"图标，鼠标右移）
指定下一点或［放弃(U)］：〈正交 开〉420　　　　　　　　　（按 Enter 键，鼠标上移）
指定下一点或［放弃(U)］：297　　　　　　　　　　　　（按 Enter 键，鼠标左移）
指定下一点或［闭合(C)/放弃(U)］：420　　　　　　　　　　　　（按 Enter 键）
指定下一点或［闭合(C)/放弃(U)］：c　　　　　　　　　　　　（按 Enter 键）

注意：输入"逗号"前，将输入法调整为"英文"状态。

② 绘制内框。

将粗实线图层设置为当前图层。

单击功能区"默认"选项卡"绘图"面板中的"直线"图标，命令行及操作显示如下。

命令：_line	
指定第一个点：25,5	（按 Enter 键，鼠标右移）
指定下一点或［放弃(U)］：390	（按 Enter 键，鼠标上移）
指定下一点或［放弃(U)］：287	（按 Enter 键，鼠标左移）
指定下一点或［闭合(C)/放弃(U)］：390	（按 Enter 键）
指定下一点或［闭合(C)/放弃(U)］：c	（按 Enter 键）

单击状态栏中的"显示/隐藏线宽"图标 ▤，显示粗实线。

📖 注意：以上是用"方向+距离"的方法绘制的直线。

（2）绘制标题栏

绘制如图 5-11 所示标题栏。

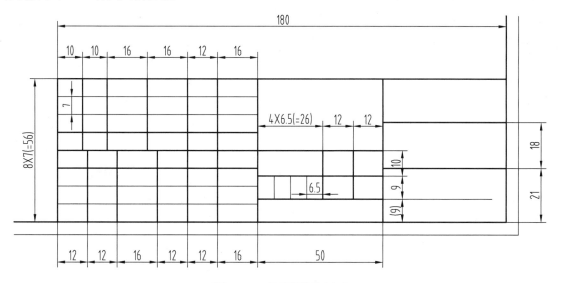

图 5-11　标题栏的尺寸

① 利用"窗口放大"命令将图框右下部分放大，如图 5-12 所示。

在命令窗口中输入"ZOOM"，回车，命令行及操作显示如下。

命令：ZOOM	
指定窗口的角点，输入比例因子(nX 或 nXP)，或者	
［全部(A)/中心(C)/动态(D)/范围(E)/上一个(P)/比例(S)/窗口(W)/对象(O)］〈实时〉：	
	（单击框选区域的左上角点）
指定对角点：	（单击框选区域的右下角点）

② 单击功能区"默认"选项卡"绘图"面板中的"直线"图标 ╱，命令行及操作显示如下。

命令：_line	
指定第一个点：	（捕捉内框的右下角点，鼠标上移）
指定下一点或［放弃(U)］：56	（按 Enter 键）
指定下一点或［放弃(U)］：	（按 Enter 键）

③ 单击所绘制的直线，如图 5-13 所示。

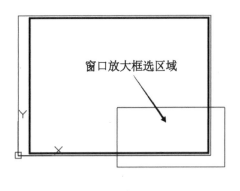

图 5-12　窗口放大　　　　　　　　　图 5-13　框选所绘制的直线

④ 单击功能区"默认"选项卡"修改"面板中的"移动"图标✛，命令行及操作显示如下。

命令：_move　找到 1 个

指定基点或［位移（D）］＜位移＞：　　　　　　　　　　（捕捉长为 56 的直线的中点，鼠标左移）

指定第二个点或＜使用第一个点作为位移＞：180　　　　（按 Enter 键）

移动后的直线如图 5-14 所示。

📖 说明：鼠标左移是在正交模式下进行的操作。

图 5-14　移动结果

⑤ 单击功能区"默认"选项卡"绘图"面板中的"直线"图标╱，命令行及操作显示如下。

命令：_line

指定第一个点：　　　　　　　　　　　　　（捕捉长为 56 的直线的上端点，鼠标右移）

指定下一点或［放弃（U）］：　　　　　　　（捕捉垂足）

指定下一点或［放弃（U）］：　　　　　　　（按 Enter 键）

完成长为 180 的直线的绘制，如图 5-15 所示。

⑥ 单击功能区"默认"选项卡"修改"面板中的"偏移"图标⊆，命令行及操作显示如下。

命令：_offset

当前设置：删除源=否　图层=源　OFFSETGAPTYPE=0

指定偏移距离或［通过（T）/删除（E）/图层（L）］＜通过＞：80　　　　（按 Enter 键）

选择要偏移的对象，或［退出（E）/放弃（U）］＜退出＞：　　　　　　（单击左边框长为 56 的直线）

指定要偏移的那一侧上的点，或［退出（E）/多个（M）/放弃（U）］＜退出＞：

　　　　　　　　　　　　　　　　　　　　　　　　　　　（在直线右侧单击一下）

选择要偏移的对象，或［退出(E)/放弃(U)］〈退出〉：	（按 Enter 键）

偏移结果如图 5-16 所示。

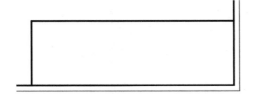

图 5-15　绘制长为 180 的直线

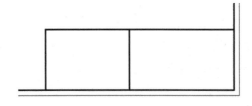

图 5-16　偏移长为 56 的直线

⑦ 将细实线图层设置为当前图层，单击功能区"默认"选项卡"绘图"面板中的"直线"图标 ╱，命令行及操作显示如下。

命令：_line	
指定第一个点：	（捕捉左端点）
指定下一点或［放弃(U)］：	（捕捉右端点）
指定下一点或［放弃(U)］：	（按 Enter 键）

绘制直线如图 5-17 所示。

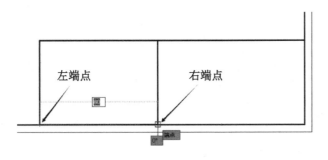

图 5-17　绘制直线

⑧ 在绘制的直线左上方 *A* 处单击一下，松开鼠标左键，并向右下方移动鼠标，再在 *B* 处单击一下，框选所绘制的直线，如图 5-18 所示，框选结果如图 5-19 所示。

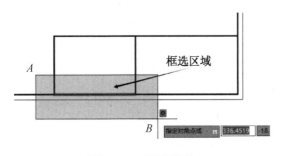

图 5-18　框选操作

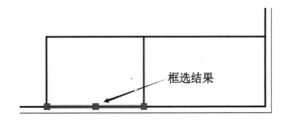

图 5-19　框选结果

⑨ 单击功能区"默认"选项卡"修改"面板中的"移动"图标 ✛，命令行及操作显示如下。

命令：_move 找到 1 个	
指定基点或［位移(D)］〈位移〉：	（捕捉直线的右端点，鼠标上移）
指定第二个点或〈使用第一个点作为位移〉：7	（按 Enter 键）

📖 说明：鼠标上移是在正交模式下进行的操作。

移动结果如图 5-20 所示。

⑩ 单击功能区"默认"选项卡"修改"面板中的"偏移"图标 ⋐，命令行及操作显示如下。

```
命令：_offset
当前设置：删除源=否  图层=源  OFFSETGAPTYPE=0
指定偏移距离或 [通过(T)/删除(E)/图层(L)] <80.0000>：7            （按 Enter 键）
选择要偏移的对象，或 [退出(E)/放弃(U)] <退出>：                （单击长为 80 的直线）
指定要偏移的那一侧上的点，或 [退出(E)/多个(M)/放弃(U)] <退出>：  （在直线上侧单击一下）
选择要偏移的对象，或 [退出(E)/放弃(U)] <退出>：                （单击偏移得到的直线）
指定要偏移的那一侧上的点，或 [退出(E)/多个(M)/放弃(U)] <退出>：  （在直线上侧单击一下）
……
选择要偏移的对象，或 [退出(E)/放弃(U)] <退出>：                （按 Enter 键）
```

偏移结果如图 5-21 所示。

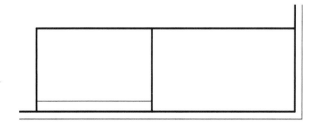

图 5-20　移动直线

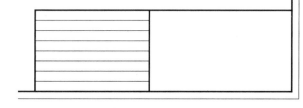

图 5-21　偏移直线

⑪ 单击功能区"默认"选项卡"绘图"面板中的"直线"图标 ╱，绘制长为 28 的直线，绘制结果如图 5-22 所示。

⑫ 单击功能区"默认"选项卡"修改"面板中的"移动"图标 ✛，移动长为 28 的直线，移动距离为 12，如图 5-23 所示。

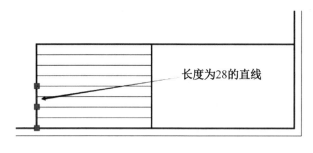

长度为28的直线

图 5-22　绘图长为 28 的直线

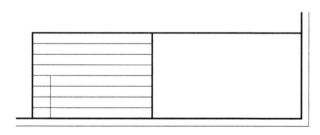

图 5-23　移动长为 28 的直线

⑬ 单击功能区"默认"选项卡"修改"面板中的"偏移"图标 ⋐，偏移长为 28 的直线，偏移距离依次为 12、16、12、12，如图 5-24 所示。

⑭ 绘制方法同⑫、⑬、⑭步骤。绘制左上方长为 28 的直线；移动长为 28 的直线，移动

距离为10；将移动得到的直线进行偏移，偏移距离依次为10、16、16、12，如图5-25所示。

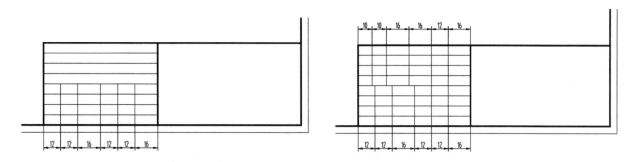

图 5-24　偏移结果　　　　　　　图 5-25　上部分垂线绘制、移动、偏移结果

⑮ 绘制方法同上，采用绘制"直线"、框选"直线"、单击"移动"图标、捕捉直线的端点或中点、移动鼠标、输入移动距离、回车等操作绘制直线，需要"偏移"时进行偏移，最终完成标题栏的表格绘制。利用功能区"默认"选项卡"特性"面板的"特性匹配"功能，将属于粗实线的线加粗，如图5-11所示。

⑯ 将文字图层调整为当前图层，单击功能区"默认"选项卡"注释"面板的"文字"下拉菜单中的"多行文字"选项，命令行及操作显示如下。

命令：_mtext
当前文字样式："文字"　当前文字高度：5　注释性：否
指定第一角点：　　　　　　　　　　　　　　　（捕捉左下角格子的左上角点）
指定对角点或 ［高度(H)/对正(J)/行距(L)/旋转(R)/样式(S)/宽度(W)/栏(C)］：
　　　　　　　　　　　　　　　　　　　　　　（捕捉该格子的右下角点）

弹出"文字编辑器"选项卡，将样式选为"文字"样式，文字高度文本框中输入 3→单击"居中"图标→单击"对正"下拉菜单中的 ✔ 正中MC 选项，如图5-26所示→输入"工艺"→单击"关闭文字编辑器"按钮，如图5-27所示。

图 5-26　"文字编辑器"选项卡

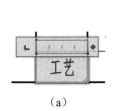
（a）

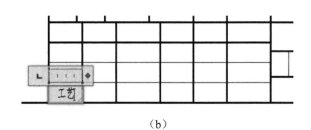
（b）

图 5-27　输入"工艺"

⑰ 采用与上一步相同的方法，输入全部文字，如图 5-3 所示。完成后的图形如图 5-1 所示。

5. 保存成样板图文件

将已设置好图形界限、文字样式、图层及绘制好 A3 图幅的图框及标题栏保存为样板图文件，方法如下。

单击快速访问工具栏中的"另存为"图标 💾，弹出"图形另存为"对话框，如图 5-28 所示→在"文件类型"下拉列表中选择"AutoCAD 图形样板（*.dwt）"选项→输入文件名"A3"→单击"保存"按钮，在弹出的"样板选项"对话框中输入对该样板图形的描述和说明，如自定义 A3 图幅的样板文件，如图 5-29 所示→单击"确定"按钮。

同样，可将绘制好的 A2、A4、A5 等图幅及标题栏保存为样板图文件。

图 5-28 "图形另存为"对话框   图 5-29 "样板选项"对话框

 注意：本任务绘制直线的方法是画直线、选直线、移动直线。

移动的方法：单击功能区"默认"选项卡"修改"面板中的"移动"图标 ✛，捕捉直线的端点或中点，移动鼠标，输入移动距离，回车。

🔋 任务评价

完成任务后，填写表 5-1。

表 5-1　任务评价表

项目	序号	评价标准	自我评价	教师评价
绘图技能	1	会进行图层设置	□完成 □基本完成 □继续学习	□好 □较好 □一般
	2	会操作文字样式设置	□完成 □基本完成 □继续学习	□好 □较好 □一般
	3	会绘制直线	□完成 □基本完成 □继续学习	□好 □较好 □一般
	4	会操作偏移功能	□完成 □基本完成 □继续学习	□好 □较好 □一般
	5	会操作移动功能	□完成 □基本完成 □继续学习	□好 □较好 □一般
	6	会操作特性匹配功能	□完成 □基本完成 □继续学习	□好 □较好 □一般
	7	会操作多行文字功能	□完成 □基本完成 □继续学习	□好 □较好 □一般
	8	会保存为样板图文件	□完成 □基本完成 □继续学习	□好 □较好 □一般
其他项目	1	遵守纪律	□好 □较好 □一般	□好 □较好 □一般
	2	认真听讲和练习绘图操作	□好 □较好 □一般	□好 □较好 □一般
	3	积极参与讨论和交流	□好 □较好 □一般	□好 □较好 □一般
	4	规范开关计算机设备	□好 □较好 □一般	□好 □较好 □一般

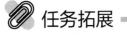 任务小结

★在手工绘图时，每幅图都需要绘制图框及标题栏，这常常是做简单的重复性劳动，显得非常枯燥。而运用 AutoCAD 软件可以将标准的图框和标题栏保存成固定的样板文件，在需要的时候直接调用即可，这大大提高了绘图的工作效率。

★本任务介绍了文字样式的设置、文字录入及保存成样板图文件的操作方法，综合运用了"直线""偏移""移动""特性匹配""多行文字"等功能进行绘图；采用方向+距离的方法绘制直线。

★按照国家制图标准进行文字样式的设置及绘制图幅。

★绘制图框、标题栏的方法有多种，本任务仅介绍了其中一种。

任务拓展

★绘制 A1、A2、A4 图幅的图框及标题栏，并保存成样板图文件。

任务 6　虎头钩平面图的绘制

任务目标

根据图 6-1 所示图样，完成虎头钩平面图的绘制。

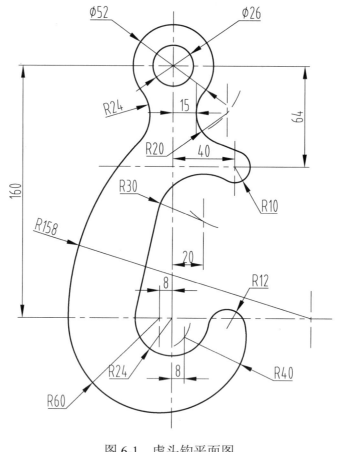

图 6-1　虎头钩平面图

任务要点

虎头钩的图形由多个已知圆弧、中间圆弧、连接圆弧（直线）组成，如图 6-1 所示。根据虎头钩的图形特点，进行尺寸分析和曲线分析后，可知应先画已知圆弧，再画中间圆弧，最后画连接圆弧（直线）。

任务实施

（一）实施流程（参见图 6-2）

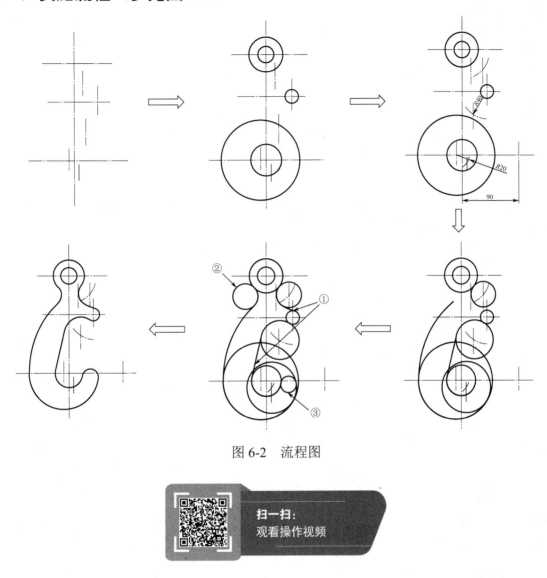

图 6-2　流程图

扫一扫：
观看操作视频

（二）实施步骤

1. 设置绘图环境（图形界限、图层、捕捉的设置）

（1）设置图形界限

图形界限设定为长 300mm，宽 500mm 的矩形平面。

（2）设置捕捉

单击状态栏中的"对象捕捉"图标🔲，打开对象捕捉功能→右击"对象捕捉"图标🔲，选择"端点""圆心""交点"对象捕捉模式。

（3）设置图层

单击功能区"默认"选项卡"图层"面板中的"图层特性"图标🗂，弹出"图层特性管

理器"对话框→单击"新建图层"图标 3 次，建立了 3 个图层→将这 3 个图层分别命名为
标注、粗实线、中心线，并设置 3 个图层的颜色、线型、线宽，如图 6-3 所示。

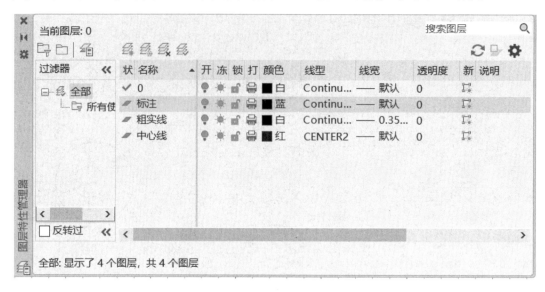

图 6-3 "图层特性管理器"对话框

（4）设置标注样式

① 设置标注样式 y1。

单击功能区"注释"选项卡"标注"面板按钮 ，弹出"标注样式管理器"对话框→单
击"新建"按钮，弹出"创建新标注样式"对话框→在"新样式名"文本框中输入 y1→单击
"继续"按钮，弹出"新建标注样式：y1"对话框。

●"线"选项卡中："基线间距"数值框中输入 7；"超出尺寸线"数值框中输入 3；"起
点偏移量"数值框中输入 0。

●"符号和箭头"选项卡中："箭头大小"数值框中输入 8。

●"文字"选项卡中：单击"文字样式"右侧的按钮 ，设置"数字"样式，其中"字
体"为 isocp.shx，"高度"为 8，"宽度因子"为 0.7；"从尺寸线偏移"数值框中输入 1。

●"调整"选项卡中：单击"箭头"选项。

●"主单位"选项卡中："精度"选择"0"，"舍入"数值框中输入 0.005；"消零"选区
中勾选"后续"复选框。

② 设置标注样式 y2。

●"文字"选项卡中："文字对齐"选择"水平"选项。

●"调整"选项卡中：单击"文字或箭头（最佳效果）"选项。

（5）保存文件

2. 绘制图形

（1）绘制中心线

将中心线图层设置为当前图层。利用"直线""偏移""拉伸"命令绘制及调整中心线，

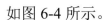

如图 6-4 所示。

（2）绘制已知圆

将粗实线图层设置为当前图层，利用"圆"命令绘制已知圆 $\phi26$、$\phi52$、$R10$、$R60$、$R24$，如图 6-5 所示。

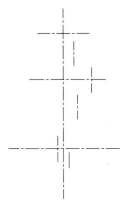
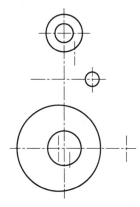

图 6-4　绘制中心线　　　　　　　　图 6-5　绘制已知圆及圆弧

（3）绘制其他圆弧

① 将中心线图层设置为当前图层。利用"偏移""圆"命令，确定 $R20$ 的圆心位置（该圆与 $\phi52$ 的圆外切，两圆外切，圆心距离等于半径之和，故 $R20$ 的圆心位置在 $R46$ 的圆上），如图 6-6 所示。

② 单击功能区"默认"选项卡"修改"面板的下拉菜单按钮 修改 ▾ →单击"打断"图标 凹，命令行及操作显示如下。

命令：_break
选择对象：　　　　　　　　　　　　　　（单击 $R46$ 的圆上需打断的一点）
指定第二个打断点或［第一点(F)］：〈对象捕捉 关〉　（单击 $R46$ 的圆上需打断的另一点）

结果如图 6-7 所示。

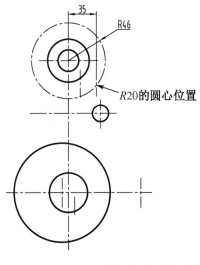
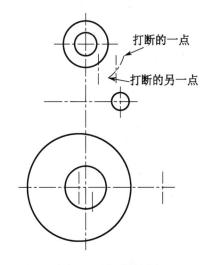

图 6-6　$R20$ 的圆心位置　　　　　　　图 6-7　打断结果

③ 利用"圆""打断""偏移"等命令，确定 $R30$、$R40$、$R158$ 的圆心位置，如图 6-8 所

示。将粗实线图层设置为当前图层，绘制 3 个圆和 1 个圆弧，如图 6-9 所示。

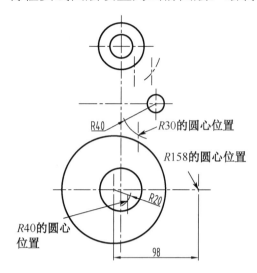

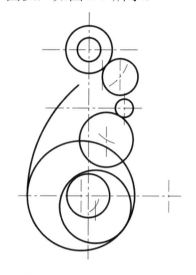

图 6-8　R30、R40、R158 的圆心位置　　　　图 6-9　绘制 R20、R30、R40 的圆和 R158 圆弧

（4）绘制连接直线和连接圆弧

① 单击功能区"默认"选项卡"绘图"面板中"直线"图标✐，绘制出右侧与 R20 和 R10 相切的连接直线及中部与 R30 和 R24 相切的连接直线。注意直线的起、终点都要用"切点"捕捉（快捷命令为 tan）。

② 单击功能区"默认"选项卡"绘图"面板中"圆"图标⊙，命令行及操作显示如下。

> **命令：_circle**
> **指定圆的圆心或 [三点(3P)/两点(2P)/切点、切点、半径(T)]：t**　　　　（按 Enter 键）
> **指定对象与圆的第一个切点：**　　　　（捕捉 ϕ52 的切点）
> **指定对象与圆的第二个切点：**　　　　（捕捉 R158 的切点）
> **指定圆的半径<12.0000>：20**　　　　（按 Enter 键）

画出左侧与 ϕ52 和 R158 相切的 R20 连接圆弧。

📖　提示：可采用"圆弧"命令绘制 R20 连接圆弧。

③ 单击功能区"默认"选项卡"绘图"面板中的"圆"图标⊙，绘制出下部与 R24 和 R40 相切的 R12 连接圆弧，如图 6-10 所示。

（5）修剪和整理图形

① 单击功能区"默认"选项卡"修改"面板中的"修剪"图标✂，将多余的直线和圆弧裁剪掉，如图 6-11 所示。

② 整理图形，调整中心线的长度及粗实线的显示宽度。

3．尺寸标注

将标注图层设置为当前图层，标注尺寸，如图 6-1 所示。

4．保存图形

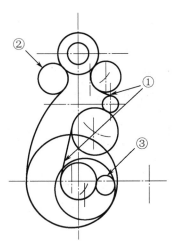

图 6-10 绘制连接直线和连接圆弧

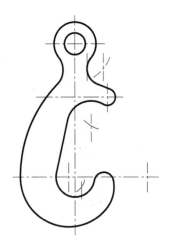

图 6-11 裁剪掉多余的直线和圆弧

 任务评价

完成任务后，填写表 6-1。

表 6-1 任务评价表

项目	序号	评价标准	自我评价	教师评价
绘图技能	1	会操作图形界限、图层、捕捉功能	□完成 □基本完成 □继续学习	□好 □较好 □一般
	2	会操作标注样式功能	□完成 □基本完成 □继续学习	□好 □较好 □一般
	3	会操作直线、偏移、拉伸、圆、打断、修剪功能	□完成 □基本完成 □继续学习	□好 □较好 □一般
	4	会操作标注功能	□完成 □基本完成 □继续学习	□好 □较好 □一般
其他项目	1	遵守纪律	□好 □较好 □一般	□好 □较好 □一般
	2	认真听讲和练习绘图操作	□好 □较好 □一般	□好 □较好 □一般
	3	积极参与讨论和交流	□好 □较好 □一般	□好 □较好 □一般
	4	规范开关计算机设备	□好 □较好 □一般	□好 □较好 □一般

任务小结

★本任务介绍了图层、标准样式等的设置及标注方法；综合运用了"直线""偏移""拉伸""圆""打断""修剪"等功能进行绘图。

★本任务介绍了采用"切点"捕捉（快捷命令为 tan）功能绘制直线和曲线的方法。

任务拓展

★本任务拓展实例如图 6-12～图 6-14 所示，试分析有哪几个部位要求做渗碳表面处理，在绘图中如何表达。

★扫二维码观看挂钩零件平面图的绘制视频，根据图 6-14 所示图样，分组协作完成挂钩零件平面图的绘制。

图 6-12　拉杆零件实体图

图 6-13　拉杆零件实体装配图

扫一扫观看操作视频：
挂钩零件平面图的绘制

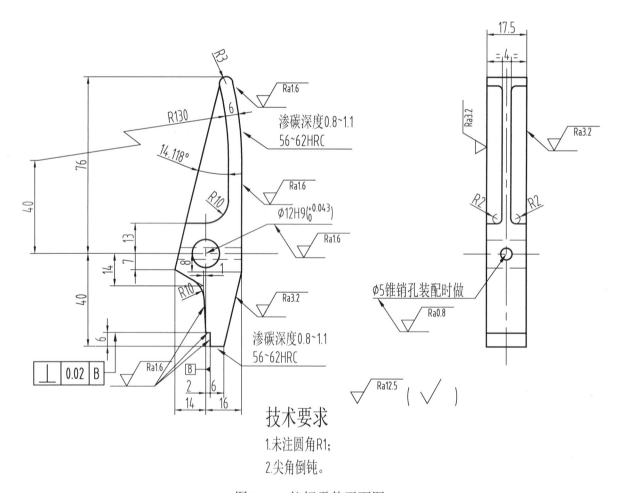

图 6-14　拉杆零件平面图

任务 7　手柄平面图的绘制

任务目标

根据图 7-1 所示图样，完成手柄平面图的绘制。

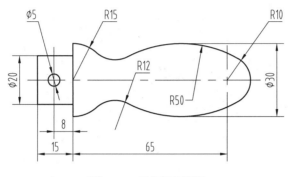

图 7-1　手柄平面图

任务要点

手柄图形由矩形、圆及多段圆弧连接组成，且以中心轴线为基准上下对称。

根据手柄图形的结构特点，先绘制一半的图形，再使用"镜像"命令完成全图。

任务实施

（一）实施流程（参见图 7-2）

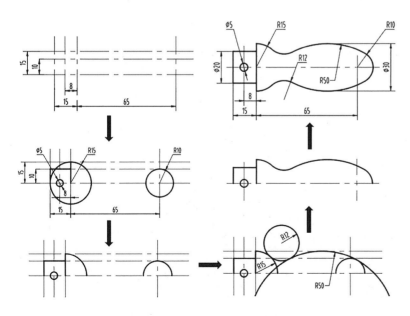

扫一扫：
观看操作视频

图 7-2　流程图

（二）实施步骤

1. 设置图层

单击功能区"默认"选项卡"图层"面板中的"图层特性"图标 ▤，弹出"图层特性管理器"对话框→单击"新建图层"图标 ▤ 3 次，建立 3 个图层→将这 3 个图层分别命名为粗实线、标注、中心线，并设置 3 个图层的颜色、线型、线宽，如图 7-3 所示。

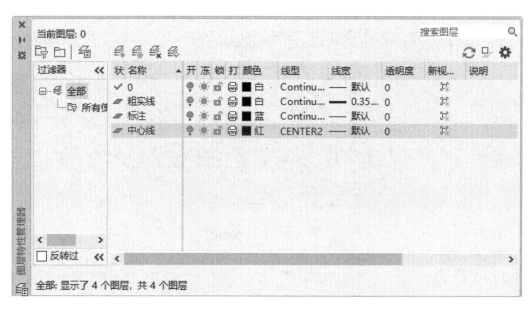

图 7-3　设置图层

2. 设置界面栅格

单击状态栏中的"栅格"图标 ▦，关闭绘图区域栅格。

3. 设置对象捕捉

设置"端点""圆心""交点"为对象捕捉模式。

4. 绘制中心线

将中心线图层设置为当前图层，利用"直线""偏移""拉伸"命令绘制中心线，如图 7-4 所示。

5. 绘制 3 条线及 3 个圆

将粗实线图层设置为当前图层，利用"直线""偏移""圆"命令完成 3 条线及 3 个圆的绘制，如图 7-5 所示。

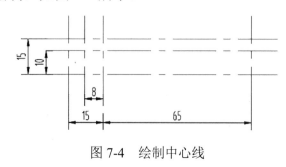

图 7-4　绘制中心线

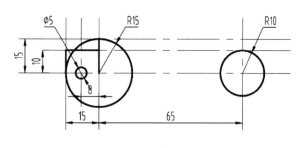

图 7-5　绘制 3 条线及 3 个圆

6. 修剪曲线

使用"修剪"命令对图形进行修剪，如图 7-6 所示。

7. 绘制 R50 的圆

单击功能区"默认"选项卡"绘图"面板中的"圆"图标⊙，命令行及操作显示如下。

命令：_circle	
指定圆的圆心或［三点(**3P**)/两点(**2P**)/切点、切点、半径(**T**)］：t	（按 Enter 键）
指定对象与圆的第一个切点：	（单击最上面一条中心线）
指定对象与圆的第二个切点：	（单击 R10 的圆）
指定圆的半径〈**45.0000**〉：50	（按 Enter 键）

绘制结果如图 7-7 所示。

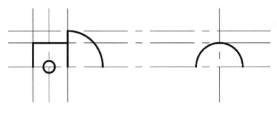

图 7-6 修剪曲线

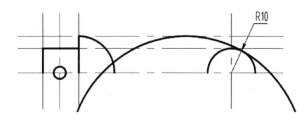

图 7-7 绘制 R50 的圆

8. 绘制 R12 的圆

单击功能区"默认"选项卡"绘图"面板中的"圆"图标⊙，命令行及操作显示如下。

命令：_circle	
指定圆的圆心或［三点(**3P**)/两点(**2P**)/切点、切点、半径(**T**)］：t	（按 Enter 键）
指定对象与圆的第一个切点：	（单击 R15 的圆弧）
指定对象与圆的第二个切点：	（单击 R50 的圆弧）
指定圆的半径〈**45.0000**〉：12	（按 Enter 键）

绘制结果如图 7-8 所示。

9. 修剪及删除多余圆弧和直线

使用"修剪""删除"命令，剪掉多余的圆弧，删除多余的辅助线，如图 7-9 所示。

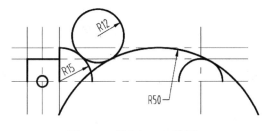

图 7-8 绘制 R12 的圆

图 7-9 修剪后的图形

10. 绘制完整图形

单击功能区"默认"选项卡"修改"面板中的"镜像"图标⚤，命令行及操作显示如下。

命令：_**mirror**

选择对象：找到 1 个	（单击需要镜像的第 1 条直线）
选择对象：找到 1 个，总计 2 个	（单击需要镜像的第 2 条直线）
选择对象：找到 1 个，总计 3 个	（单击需要镜像的第 3 条直线）
选择对象：找到 1 个，总计 4 个	（单击需要镜像的第 1 条曲线）
··········	
选择对象：找到 1 个，总计 7 个	
选择对象：	（按 Enter 键）
指定镜像线的第一点：	（捕捉图形对称线的左端点）
指定镜像线的第二点：	（捕捉图形对称线的右端点）
要删除源对象吗？[是(Y)/否(N)] <否>：	（按 Enter 键）

镜像结果如图 7-10 所示。

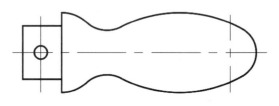

图 7-10　镜像结果

11. 标注尺寸

标注尺寸，如图 7-1 所示。

12. 保存图形

⚡ 任务评价

完成任务后，填写表 7-1。

表 7-1　任务评价表

项目	序号	评价标准	自我评价	教师评价
绘图技能	1	会进行图层设置	□完成 □基本完成 □继续学习	□好 □较好 □一般
	2	会操作捕捉功能	□完成 □基本完成 □继续学习	□好 □较好 □一般
	3	会操作直线、圆弧、偏移、拉伸、镜像、标注等功能	□完成 □基本完成 □继续学习	□好 □较好 □一般
	4	尺寸标注完整规范	□完成 □基本完成 □继续学习	□好 □较好 □一般
	5	图形绘制情况	□完成 □基本完成 □继续学习	□好 □较好 □一般
其他项目	1	遵守纪律	□好 □较好 □一般	□好 □较好 □一般
	2	认真听讲和练习绘图操作	□好 □较好 □一般	□好 □较好 □一般
	3	积极参与讨论和交流	□好 □较好 □一般	□好 □较好 □一般
	4	规范开关计算机设备	□好 □较好 □一般	□好 □较好 □一般

使用命令："直线""圆弧""偏移""拉伸""镜像""标注"等。

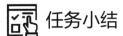 任务小结

★本任务综合运用了"直线""圆弧""偏移""拉伸""镜像""标注"等功能进行绘图。

 任务拓展

★如图 7-11 所示，思考为什么手柄需要用保鲜膜包裹着保存。

★扫二维码观看手柄零件平面图的绘制视频，根据图 7-12 所示图样，分组协作完成手柄零件平面图的绘制。

图 7-11　手柄零件仓库存放图

扫一扫观看操作视频：
手柄零件平面图的绘制

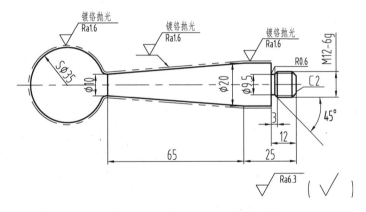

图 7-12　手柄零件平面图

任务 8　块操作

任务目标

根据图 8-1 所示，对绘制好的表面粗糙度符号（参见任务4）进行属性定义，创建"表面粗糙度"块，写块，插入块，完成表面粗糙度 4 个方位的标注。

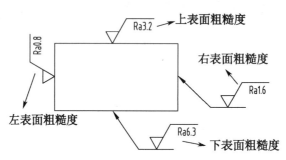

图 8-1　4 个方位标注的表面粗糙度符号

任务要点

块是把多个元素（图线、文字、尺寸等）定义为一个单一实体，作为文件保存，以便在其他图纸中重复使用。块分为带属性和不带属性两种类型，其中带属性的块又分为变量属性和常量属性两种。带属性的块由图形对象和属性对象组成，当插入带属性的块时，系统会提示输入属性值，这样，带属性的块的每个后续参照都可以为该属性指定不同的值。常量属性的块的属性值是固定的，在插入块时不提示输入属性值。

同一零件不同的表面、不同零件的表面均会有不同的表面粗糙度值，所以表面粗糙度符号是在零件绘制中被大量使用的图形。本任务将以表面粗糙度符号定义为块的操作为例，介绍创建、写、插入带属性的块的操作过程。

表面粗糙度的标注，国家标准有规定的标注形式。为了方便插入表面粗糙度块，将介绍 4 个方位带属性的表面粗糙度块的插入方法，如图 8-1 所示。

任务实施

（一）实施流程（参见图8-2）

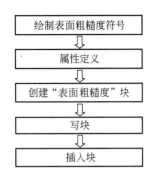

图8-2 流程图

（二）实施步骤

1. 绘制表面粗糙度符号

参见任务4表面粗糙度符号的绘制。设置文字样式："样式1"，字体名：isocp.shx，高度：3.5，宽度因子：0.7。

2. 属性定义

单击功能区"默认"选项卡"块"面板的下拉菜单按钮 块 ▼ →单击"定义属性"图标 ✎，如图8-3所示，打开"属性定义"对话框，如图8-4所示→在"标记"文本框中输入RD，在"提示"文本框中输入RD，在"默认"文本框中输入2.5，在"对正"下拉列表中选择"左对齐"选项，在"文字样式"下拉列表中选择"样式1"选项，在"文字高度"文本框中输入3.5→单击"确定"按钮→在绘图区域单击表面粗糙度符号右上方水平线的下方，结果如图8-5所示。

图8-3 "定义属性"图标

图8-4 "属性定义"对话框

3. 绘制一个矩形

单击功能区"默认"选项卡"绘图"面板中的"矩形"图标 ▭，命令行及操作显示如下。

```
命令：_rectang
指定第一个角点或 [倒角(C)/标高(E)/圆角(F)/厚度(T)/宽度(W)]：（在合适的位置单击一下）
指定另一个角点或 [面积(A)/尺寸(D)/旋转(R)]：（鼠标向右下方移动至合适的位置单击一下）
```

矩形绘制结果如图8-6所示。

图8-5　带属性的表面粗糙度符号

图8-6　绘制矩形

4. 创建"表面粗糙度"块

单击功能区"默认"选项卡"块"面板中的"创建"图标，弹出"块定义"对话框，如图8-7所示→在"名称"文本框中输入表面粗糙度→单击"选择对象"按钮，框选表面粗糙度图形→右击→单击"拾取点"按钮→捕捉表面粗糙度图形的下端尖点→选择"保留"选项→单击"确定"按钮，弹出"编辑属性"对话框，如图8-8所示→采用默认设置，单击"确定"按钮。

图8-7　"块定义"对话框

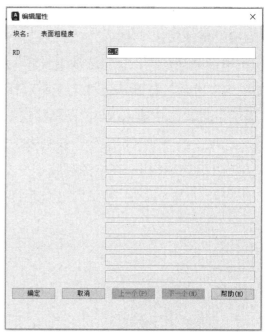

图8-8　"编辑属性"对话框

5. 写块

在命令窗口中输入"WBLOCK"或"W"，回车→弹出"写块"对话框，如图8-9所示→单击"源"选区中的"块"选项，并选择"表面粗糙度"→单击"目标"选区中"文件名和路径"下拉列表框右侧的按钮，弹出"浏览图形文件"对话框→选择D盘中"图块"文件夹→单击"保存"按钮→单击"写块"对话框中的"确定"按钮。

图 8-9 "写块"对话框

6. 插入块

（1）插入上表面粗糙度

单击功能区"默认"选项卡"块"面板中的"插入"下拉菜单按钮 插入 →选择"库中的块..."选项，如图 8-10 所示→弹出"块"对话框，如图 8-11 所示→单击"过滤器"右侧的"文件导航"图标 🗗，弹出"选择要插入的文件"对话框→选择 D 盘"图块"文件夹中"表面粗糙度"文件，如图 8-12 所示→单击"打开"按钮→捕捉需插入的位置→回车→弹出"编辑属性"对话框→在"RD"文本框中输入表面粗糙度的值 Ra3.2→单击"确定"按钮，完成上表面粗糙度块的插入，如图 8-13 所示。

图 8-10 选择"库中的块..."选项

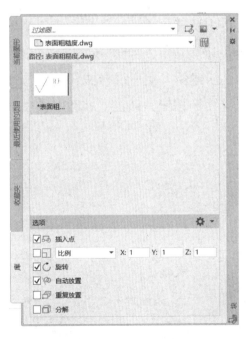

图 8-11 "块"对话框

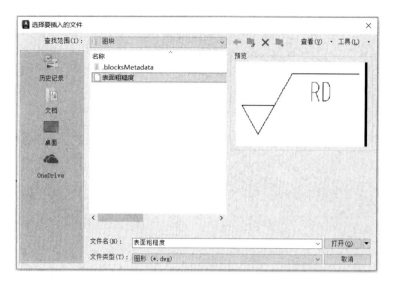

图 8-12 "选择要插入的文件"对话框

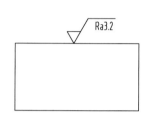

图 8-13 插入上表面粗糙度

（2）插入左表面粗糙度

单击"块"对话框"库"选项卡中的"表面粗糙度"图形文件→捕捉矩形左表面上一点，输入 90（度）→回车，弹出"编辑属性"对话框，在"RD"文本框中输入表面粗糙度的值 Ra0.8→单击"确定"按钮，完成左表面粗糙度的插入，如图 8-14 所示。

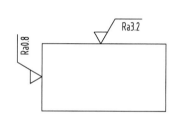

图 8-14 插入左表面粗糙度

（3）插入右表面粗糙度和下表面粗糙度

1）绘制引线。

① 设置引线样式。

单击功能区"注释"选项卡"引线"面板按钮 ↘ →选择"多重引线样式管理器"选项，如图 8-15 所示，弹出"多重引线样式管理器"对话框，如图 8-16 所示→单击"新建"按钮，弹出"创建新多重引线样式"对话框→在"新样式名"文本框中输入 y1，如图 8-17 所示→单击"继续"按钮，弹出"修改多重引线样式：y1"对话框，如图 8-18 所示。

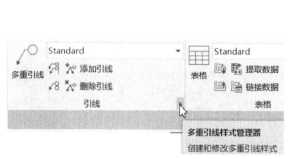

图 8-15 "多重引线样式管理器"选项

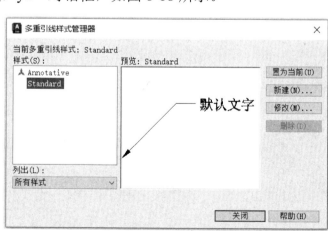

图 8-16 "多重引线样式管理器"对话框

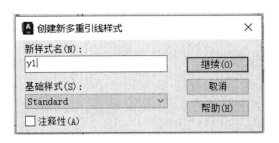

图 8-17 "创建新多重引线样式"对话框

●"引线格式"选项卡:"箭头"选区的"大小"数值框中输入 4;"打断大小"数值框中输入 0.5,如图 8-18 所示。

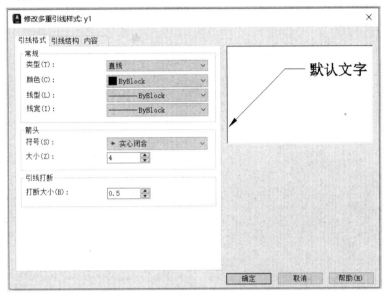

图 8-18 "引线格式"选项卡

●"引线结构"选项卡:"设置基线距离"数值框中输入 15,其他采用默认值,如图 8-19 所示。

图 8-19 "引线结构"选项卡

单击"确定"按钮，返回"多重引线样式管理器"对话框，在"样式"列表框中选择"y1"选项→单击"置为当前"按钮→单击"关闭"按钮。

② 绘制引线。

单击功能区"注释"选项卡"引线"面板中的"多重引线"图标 ，命令行及操作显示如下。

命令：_mleader
指定引线箭头的位置或［引线基线优先(L)/内容优先(C)/选项(O)］〈选项〉：
（单击矩形下方直线上的一点）
指定引线基线的位置：（鼠标向右下方移动至合适的位置单击一下，按 Esc 键）

矩形下表面的引线绘制完成。同理，绘制矩形右表面的引线，如图 8-20 所示。

2）插入表面粗糙度。

按插入上表面粗糙度的方法，将表面粗糙度符号插入到多重引线上，结果如图 8-1 所示。

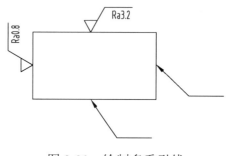

图 8-20　绘制多重引线

任务评价

完成任务后，填写表 8-1。

表 8-1　任务评价表

项目	序号	评价标准	自我评价	教师评价
绘图技能	1	会操作块属性定义功能	□完成 □基本完成 □继续学习	□好 □较好 □一般
	2	会操作块定义功能	□完成 □基本完成 □继续学习	□好 □较好 □一般
	3	会操作写块功能	□完成 □基本完成 □继续学习	□好 □较好 □一般
	4	会操作插入块功能	□完成 □基本完成 □继续学习	□好 □较好 □一般
	5	会操作复制功能	□完成 □基本完成 □继续学习	□好 □较好 □一般
	6	会操作旋转功能	□完成 □基本完成 □继续学习	□好 □较好 □一般
其他项目	1	遵守纪律	□好 □较好 □一般	□好 □较好 □一般
	2	认真听讲和练习绘图操作	□好 □较好 □一般	□好 □较好 □一般
	3	积极参与讨论和交流	□好 □较好 □一般	□好 □较好 □一般
	4	规范开关计算机设备	□好 □较好 □一般	□好 □较好 □一般

任务小结

★本任务通过表面粗糙度的块操作实训，使学习者掌握块属性定义、块定义、写块、插

入块等操作方法。

★本任务综合运用了"复制""旋转""移动""属性定义""创建块""写块""插入块"等功能在 4 个方位进行表面粗糙度的标注。

★本任务是按照国家标准相关规定进行的表面粗糙度的标注。

 任务拓展

★绘制基准符号图形，如图 8-21 所示。基准用一个大写字母标注在基准方格内，与一个涂黑的或者空白的正三角形相连以表示基准，涂黑的和空白的基准三角形含义相同。当字高为 h 时，符号及字体的线宽 $b=0.1h$，$H=2h$（GB/T 4485.4—2003 中规定 h 可取值为 2.5、3.5、5、7、10、14、20）。

★制作一个带属性的基准符号块，并进行写块、插入块等操作练习。

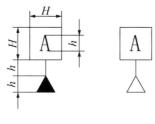

图 8-21　基准符号

强化训练任务

1. 绘制下面的平面图（见图 1-1-1~图 1-1-19）。

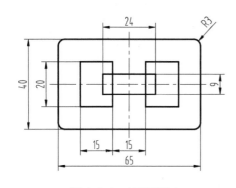

图 1-1-1　平面图 1

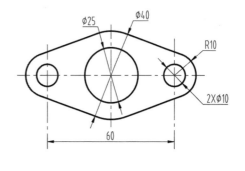

图 1-1-2　平面图 2

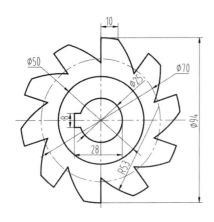

图 1-1-3　平面图 3

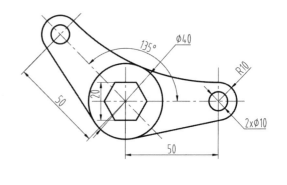

图 1-1-4　平面图 4

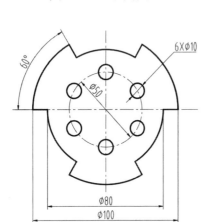

图 1-1-5　平面图 5

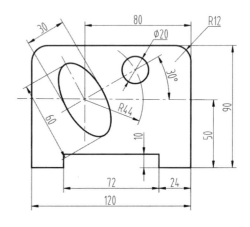

图 1-1-6　平面图 6

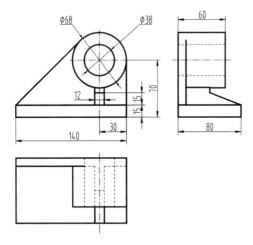

图 1-1-7　平面图 7

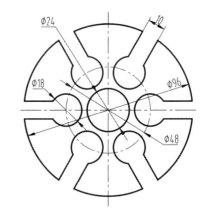

图 1-1-8　平面图 8

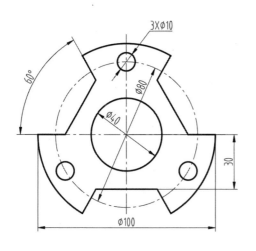

图 1-1-9　平面图 9

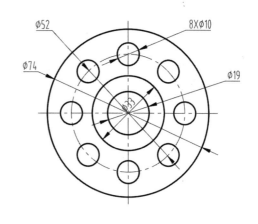

图 1-1-10　平面图 10

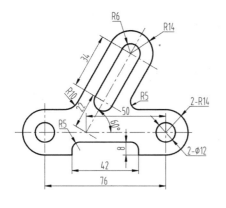

图 1-1-11　平面图 11

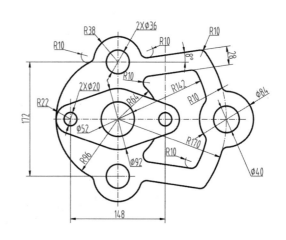

图 1-1-12　平面图 12

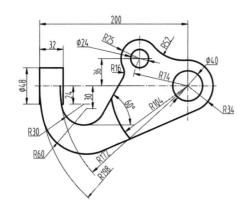

图 1-1-13　平面图 13

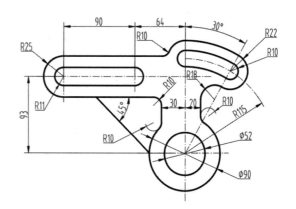

图 1-1-14　平面图 14

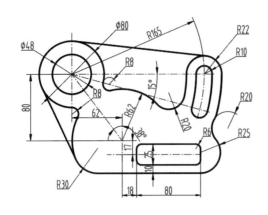

图 1-1-15　平面图 15

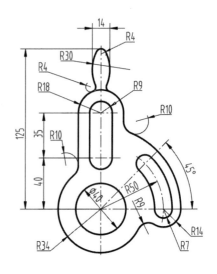

图 1-1-16　平面图 16

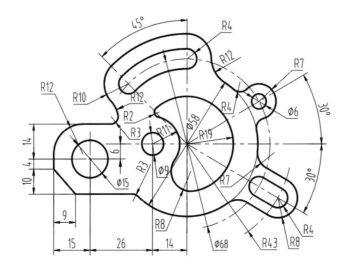

图 1-1-17　平面图 17

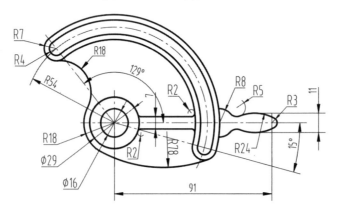

图 1-1-18　平面图 18

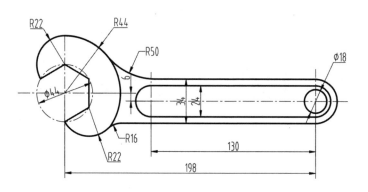

图 1-1-19　平面图 19

2．绘制下列螺栓、螺母平面图并创建螺栓图块、螺母图块（外部图形块）。

（1）螺栓（见图 1-1-20）。

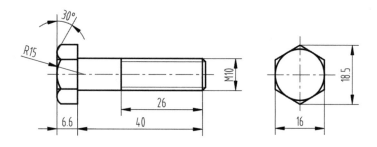

图 1-1-20　螺栓

（2）螺母（见图 1-1-21）。

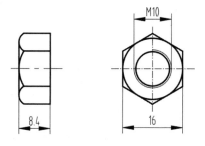

图 1-1-21　螺母

项目 ② 零件图绘制技能实训

零件是机器或部件的基本组成单元。零件图是直接指导制造和检验零件的图样。一张完整的零件图应包含以下内容。

1. 一组图形。

用必要的视图、剖视图、断面图及其他规定画法，正确、完整、清晰地表达零件各部分的结构和内外形状。

2. 完整的尺寸。

完整的尺寸用来确定零件各部分结构、形状大小和相对应的位置。

3. 技术要求。

说明零件在制造和检验时应达到的要求，包括几何公差、表面粗糙度、热处理及一些特殊要求。

4. 标题栏。

说明零件的名称、材料、图号以及图样的责任者签名等。

本项目设有 4 个任务，推荐课时为 16 课时。

知识及技能目标

1. 掌握球类、轴类、盘盖类及叉架类等零件图的绘制方法。
2. 会选用图框、设置文字样式及各类标注样式。
3. 会调用样板图文件，尺寸标注、技术要求的书写及标题栏填写。

素养目标

1. 在"做中教，做中学，做中练"的教学过程中，培养追求完美的科学态度及精益求精的工匠精神。
2. 课后关机、做卫生，培养爱劳动、勤收纳、讲卫生的好习惯。
3. 绘制企业实际生产的零件图，提高适应企业工作的能力以及解决实际问题的能力。

任务 9　球塞零件图的绘制

任务目标

根据图 9-1 所示，完成球塞零件图的绘制。

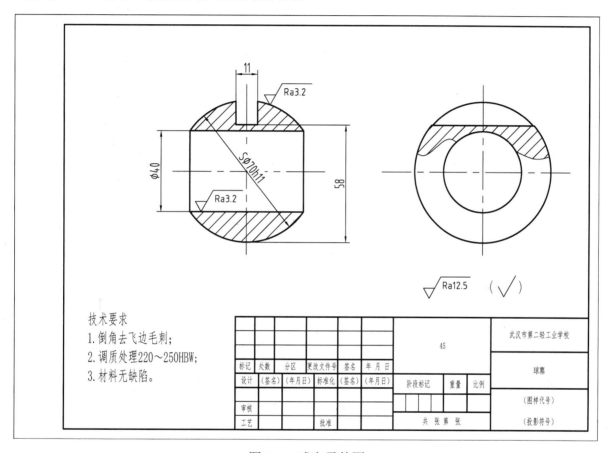

图 9-1　球塞零件图

任务要点

球塞零件基本形状为圆球，经挖切而成，结构左右对称，通过使用"直线""圆""偏移""修剪""特性匹配""样条曲线""图案填充""线性标注""直径标注""插入块"等命令来完成图形的绘制。

任务实施

（一）实施流程（参见图 9-2）

绘制球塞零件的流程：调入样板图，绘制球塞的主视图和左视图，标注尺寸公差、表面粗糙度、几何公差等技术要求，填写标题栏，如图 9-2 所示。

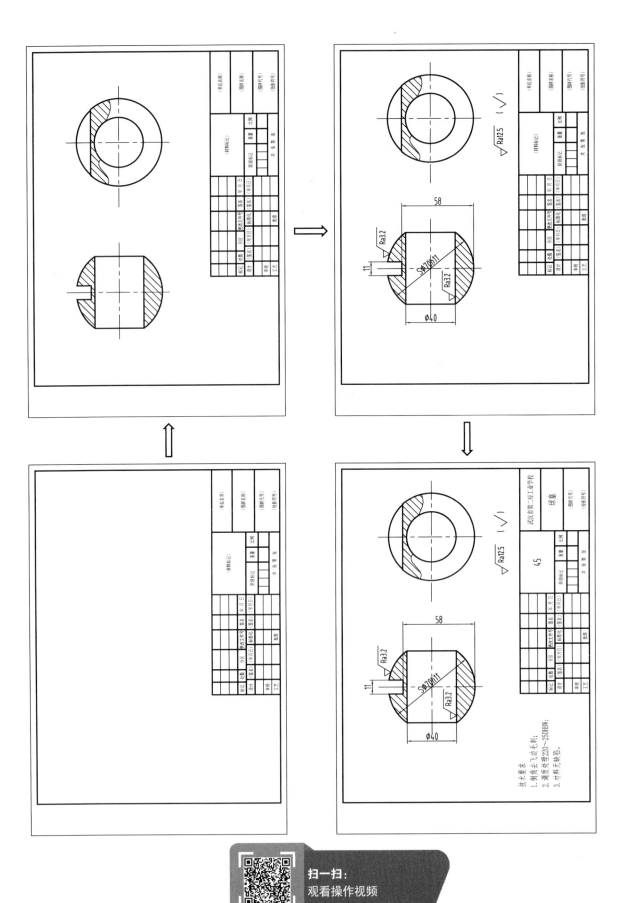

图9-2　流程图

（二）实施步骤

1. 调用样板图

根据零件的结构形状和大小确定表达方法、比例和图幅，调用样板图 A4 图幅。

零件图采用主视图、左视图两个视图来表达零件，比例采用 1:1。

2. 设置绘图环境

在状态栏设置相关的对象捕捉模式，激活"正交"功能。

3. 绘制视图

① 将中心线图层设置为当前图层，绘制中心线，如图 9-3 所示。

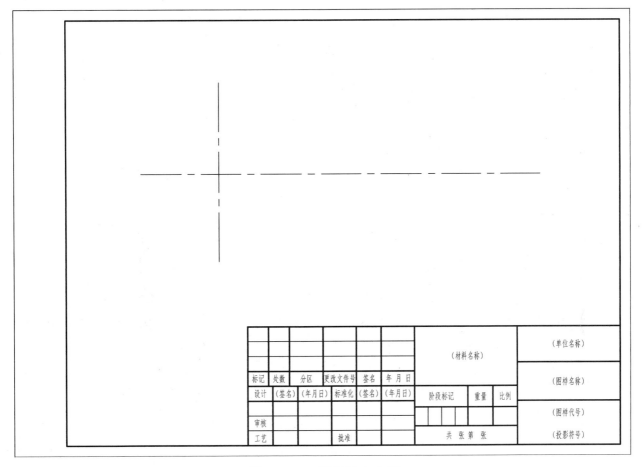

图 9-3　A4 图幅及中心线

② 单击功能区"默认"选项卡"修改"面板中的"偏移"图标 ⊆，命令行及操作显示如下。

命令：_offset

当前设置：删除源=否　图层=源　**OFFSETGAPTYPE=0**

指定偏移距离或［通过（**T**）/删除（**E**）/图层（**L**）］〈通过〉：120　　　（按 Enter 键）

选择要偏移的对象，或［退出（**E**）/放弃（**U**）］〈退出〉：　　　（单击竖直中心线）

指定要偏移的那一侧上的点，或［退出（**E**）/多个（**M**）/放弃（**U**）］〈退出〉：

　　　　　　　　　　　　　　　　　　　　　　　　　　（竖直中心线右侧单击一下）

选择要偏移的对象，或［退出（**E**）/放弃（**U**）］〈退出〉：　　　（按 Enter 键）

偏移中心线后的结果如图 9-4 所示。

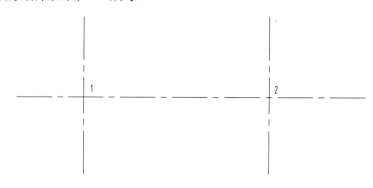

图 9-4　偏移中心线

③　将粗实线图层设置为当前图层，采用"圆"命令绘制主视图和左视图外轮廓。

单击功能区"默认"选项卡"绘图"面板中的"圆"图标⊙，命令行及操作显示如下。

命令：_circle
指定圆的圆心或［三点（3P）/两点（2P）/切点、切点、半径（T）］：（捕捉交点 1）
指定圆的半径或［直径（D）］：35（按 Enter 键）

完成主视图外轮廓的绘制。

采用同样的方法，绘制圆心为交点 2，半径分别为 35 和 20 的两个同心圆，如图 9-5 所示。

④　单击功能区"默认"选项卡"修改"面板中的"偏移"图标⊑，命令行及操作显示如下。

命令：_offset
当前设置：删除源=否　图层=源　OFFSETGAPTYPE=0
指定偏移距离或［通过（T）/删除（E）/图层（L）］＜通过＞：23（按 Enter 键）
选择要偏移的对象，或［退出（E）/放弃（U）］＜退出＞：（单击水平中心线）
指定要偏移的那一侧上的点，或［退出（E）/多个（M）/放弃（U）］＜退出＞：
（在水平中心线上方单击一下）
选择要偏移的对象，或［退出（E）/放弃（U）］＜退出＞：（按 Enter 键）

用同样的方法将主视图竖直中心线向左、向右分别偏移 5.5，偏移结果如图 9-6 所示。

⑤　单击功能区"默认"选项卡"特性"面板中的"特性匹配"图标，→单击任一条粗实线→单击偏移的三条中心线，如图 9-7 所示。

⑥　单击功能区"默认"选项卡"修改"面板中的"修剪"图标，将图形进行修剪，结果如图 9-8 所示。

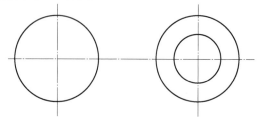

图 9-5　圆的绘制

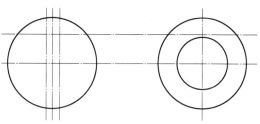

图 9-6　偏移中心线

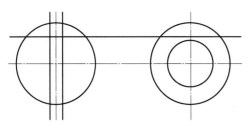

图 9-7　将中心线变成粗实线线型

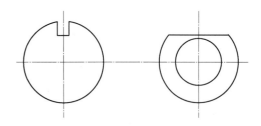

图 9-8　修剪结果

⑦ 采用"偏移"命令，将水平中心线向上、向下分别偏移 20，偏移结果如图 9-9 所示。

⑧ 单击功能区"默认"选项卡"绘图"面板中的"直线"图标 ，命令行及操作显示如下。

命令：_line
指定第一个点：　　　　　　　　　　　　（捕捉交点 3）
指定下一点或 [放弃(U)]：　　　　　　　（鼠标水平向右移动，在与右侧的垂直中心线的交点 4 处，单击一下）
指定下一点或 [放弃(U)]：　　　　　　　（按 Enter 键）

绘制结果如图 9-10 所示。

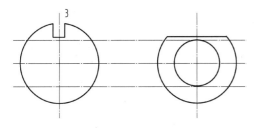

图 9-9　偏移结果

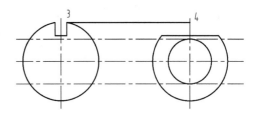

图 9-10　绘制结果

⑨ 单击功能区"默认"选项卡"绘图"面板中的"圆"图标 ，命令行及操作显示如下。

命令：_circle
指定圆的圆心或 [三点(3P)/两点(2P)/切点、切点、半径(T)]：　　（捕捉左视图中的圆心）
指定圆的半径或 [直径(D)]：　　　　　　　（捕捉图 9-10 中的交点 4，按 Enter 键）

绘制结果如图 9-11 所示。

⑩ 单击功能区"默认"选项卡"修改"面板中的"修剪"图标 ，将主视图修剪成如图 9-12 所示结果，将左视图中水平线下 ϕ70 的圆弧修剪掉，删除两偏移的水平中心线。

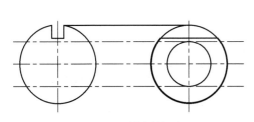

图 9-11　绘制结果

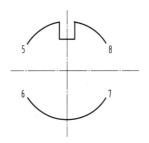

图 9-12　主视图修剪结果

⑪ 单击功能区"默认"选项卡"绘图"面板中的"直线"图标 ╱ →依次连接图 9-12 中的点 5、6、7、8、5，完成一矩形的绘制→右击，绘制结果如图 9-13 所示。

⑫ 将细实线图层设置为当前图层。单击功能区"默认"选项卡"绘图"面板中的"样条曲线拟合"图标 ╲ ，命令行及操作显示如下。

```
命令：_SPLINE
当前设置：方式=拟合    节点=弦
指定第一个点或 [方式(M)/节点(K)/对象(O)]：_M
输入样条曲线创建方式 [拟合(F)/控制点(CV)] <拟合>：_FIT
当前设置：方式=拟合    节点=弦
指定第一个点或 [方式(M)/节点(K)/对象(O)]：                  （在 A 点处单击）
输入下一个点或 [起点切向(T)/公差(L)]：                     （在 B 点处单击）
输入下一个点或 [端点相切(T)/公差(L)/放弃(U)]：              （在 C 点处单击）
输入下一个点或 [端点相切(T)/公差(L)/放弃(U)/闭合(C)]：       （在 D 点处单击）
输入下一个点或 [端点相切(T)/公差(L)/放弃(U)/闭合(C)]：       （在 E 点处单击）
输入下一个点或 [端点相切(T)/公差(L)/放弃(U)/闭合(C)]：       （在 F 点处单击）
输入下一个点或 [端点相切(T)/公差(L)/放弃(U)/闭合(C)]：       （在 G 点处单击）
输入下一个点或 [端点相切(T)/公差(L)/放弃(U)/闭合(C)]：       （按 Enter 键）
```

左视图绘制结果如图 9-14 所示。

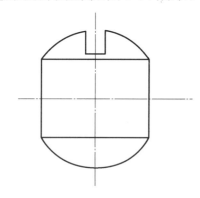

图 9-13　主视图绘制结果

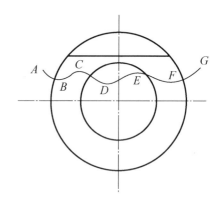

图 9-14　左视图绘制结果

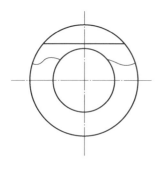

图 9-15　左视图修剪结果

⑬ 将左视图多余的样条曲线进行修剪，修剪结果如图 9-15 所示。

⑭ 图案填充。

将剖面线图层设置为当前图层。单击功能区"默认"选项卡"绘图"面板中的"图案填充"图标 ▨ ，弹出"图案填充创建"选项卡，选择"ANSI31"样例 ▨ ，设置"填充图案比例"为 1.3，如图 9-16 所示→单击主视图和左视图封闭区内任意一点→单击"关闭图案填充创建"按钮，结果如图 9-17 所示。

图 9-16 "图案填充创建"选项卡

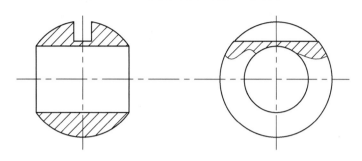

图 9-17 填充图案后的图形

⑮ 打断水平中心线。

单击功能区"默认"选项卡"修改"面板中的"打断"图标凸，命令行及操作显示如下。

命令：_break 选择对象： （单击水平中心线上需打断的一点）

指定第二个打断点 或 [第一点(F)]：<对象捕捉 关> （单击水平线上需打断的另一点）

打断结果如图 9-18 所示。

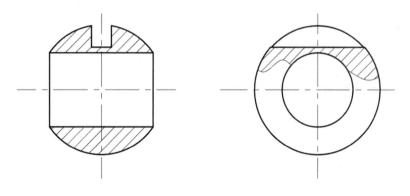

图 9-18 打断水平中心线

4. 尺寸标注

（1）设置标注样式

单击功能区"注释"选项卡"标注"面板中的"标注样式"下拉列表 ISO-25 →选择"管理标注样式…"选项，弹出"标注样式管理器"对话框→单击"新建"按钮，弹出"创建新标注样式"对话框，在"新样式名"文本框中输入 y1，如图 9-19 所示。

单击"继续"按钮，依次设置 5 个选项卡。如图 9-20～图 9-25 所示。

图 9-19 "创建新标注样式"对话框

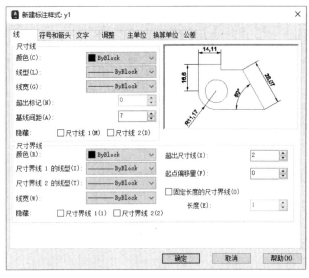

图9-20 设置"线"选项卡

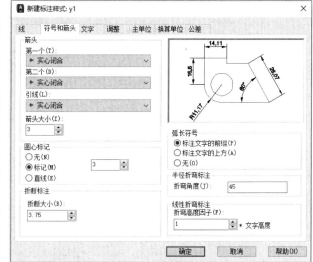

图9-21 设置"符号和箭头"选项卡

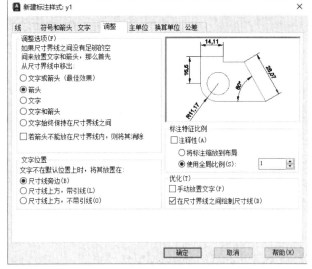

图9-22 设置"调整"选项卡

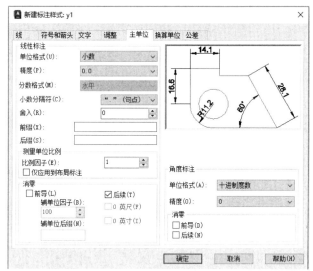

图9-23 设置"主单位"选项卡

单击"文字"选项卡中的"文字样式"按钮[...]，弹出"文字样式"对话框，单击"新建"按钮，弹出"新建文字样式"对话框→在"样式名"文本框中输入样式 1，单击"确定"按钮，返回"文字样式"对话框→设置参数，如图9-24所示，单击"应用"按钮，回到"文字"选项卡，单击"文字样式"下拉列表，选择"样式1"选项，如图9-25所示，单击"确定"按钮，返回"标注样式管理器"对话框→单击"关闭"按钮。

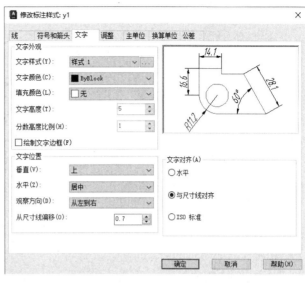

图 9-24　"文字样式"对话框　　　　　　图 9-25　设置"文字"选项卡

说明：根据国标（GB/T 14691—1993）中的规定，字母和数字可写成直体或斜体，斜体字字头向右倾斜，与水平基准线成 75°。本书中全部采用直体（正体）。

（2）标注尺寸

将标注线图层设置为当前图层，用样式 1 标注尺寸：11、58、ϕ40、Sϕ70h11。

① 标注尺寸 11、58。

单击功能区"注释"选项卡"标注"面板中的"线性"图标，命令行及操作显示如下。

命令：_dimlinear
指定第一条尺寸界线原点或<选择对象>：<对象捕捉 开>　　　（捕捉主视图上部 U 槽的左端点）
指定第二条尺寸界线原点：　　　　　　　　　　　　　　　　（捕捉主视图上部 U 槽的右端点）
指定尺寸线位置或
[多行文字（M）/文字（T）/角度（A）/水平（H）/垂直（V）/旋转（R）]：（鼠标上移合适的位置单击一下）
标注文字 = 11

采用同样的方法标注尺寸 58，标注结果如图 9-26 所示。

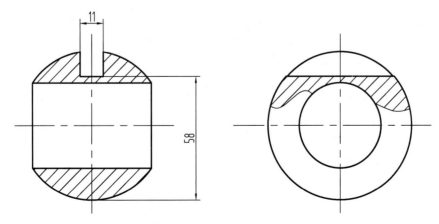

图 9-26　标注尺寸 11、58

② 标注尺寸φ40。

单击功能区"注释"选项卡"标注"面板中的"线性"图标⊢，命令行及操作显示如下。

命令：_dimlinear

指定第一条尺寸界线原点或<选择对象>：　　　　　　　　　　（捕捉主视图矩形的左下角点）

指定第二条尺寸界线原点：　　　　　　　　　　　　　　　　（捕捉主视图矩形的左上角点）

指定尺寸线位置或

[多行文字(**M**)/文字(**T**)/角度(**A**)/水平(**H**)/垂直(**V**)/旋转(**R**)]：t　　（按 Enter 键）

输入标注文字<36>：%%c40　　　　　　　　　　　　　　　（按 Enter 键）

指定尺寸线位置或

[多行文字(**M**)/文字(**T**)/角度(**A**)/水平(**H**)/垂直(**V**)/旋转(**R**)]：

　　　　　　　　　　　　　　　　　　　　　　　　　　　　（鼠标左移至合适的位置单击一下）

标注文字 = **40**

③ 标注尺寸 Sφ70h11。

单击功能区"注释"选项卡"标注"面板中的"线性"下拉菜单按钮⊢▾→单击"直径"图标◯，命令行及操作显示如下。

命令：_dimdiameter

选择圆弧或圆：　　　　　　　　　　　　　　　　　　　　（单击φ70圆上一点）

标注文字=**70**

指定尺寸线位置或 [多行文字(**M**)/文字(**T**)/角度(**A**)]：t　　（按 Enter 键）

输入标注文字<70>：S%%c70h11　　　　　　　　　　　　（按 Enter 键）

指定尺寸线位置或 [多行文字(**M**)/文字(**T**)/角度(**A**)]：　　　（在合适的位置单击一下）

标注尺寸结果如图 9-27 所示。

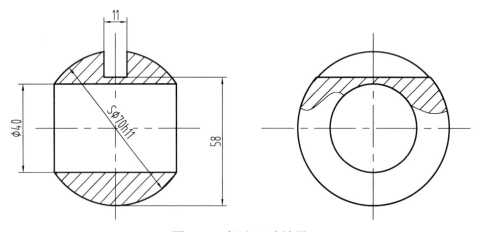

图 9-27　标注尺寸结果

5. 标注表面粗糙度

用项目 1 任务 8 块操作中创建的带属性的表面粗糙度块进行标注，插入块时缩放比例为 *X*:1；*Y*:1。完成图形如图 9-28 所示。

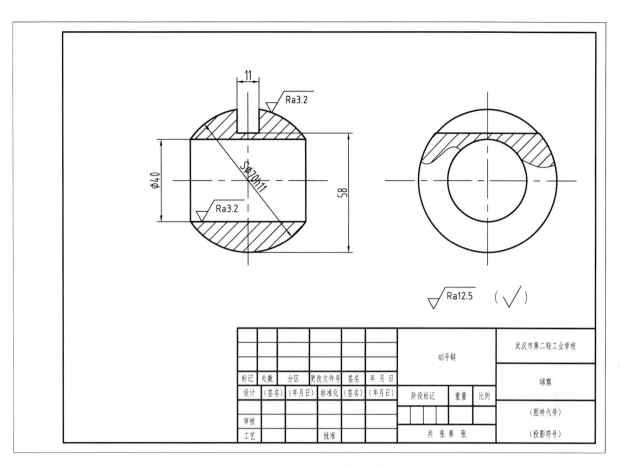

图 9-28　标注表面粗糙度

① 单击功能区"默认"选项卡"块"面板中的"插入"下拉菜单按钮→选择"库中的块…"选项→弹出"块"对话框，如图 9-29 所示→单击"表面粗糙度"文件→捕捉插入位置，弹出"编辑属性"对话框，在"RD"文本框中输入 Ra3.2，如图 9-30 所示→单击"确定"按钮，插入结果如图 9-31 所示。

图 9-29　"块"对话框

图 9-30　"编辑属性"对话框

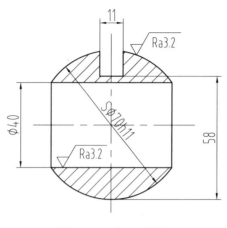

图 9-31 插入结果

② 其他表面粗糙度的插入方法与上面的相同，结果如图 9-28 所示。

6. 填写标题栏

单击标题栏中的"图样名称"，如图 9-32 所示→右击，弹出快捷菜单，如图 9-33 所示→选择"编辑多行文字…"选项，弹出"文字编辑器"选项卡→在文本框中输入"球塞"，选项、参数设置及输入文字如图 9-34 所示→单击"关闭文字编辑器"按钮。

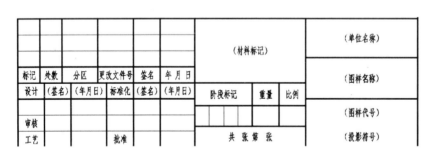

图 9-32 选择编辑对象

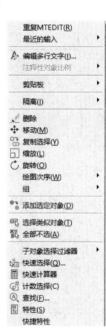

图 9-33 快捷菜单

图 9-34 文字编辑器

填写完成标题栏，如图 9-35 所示。

									武汉市第二轻工业学校
							45		
标记	处数	分区	更改文件号	签名	年 月 日				球塞
设计	(签名)	(年月日)	标准化	(签名)	(年月日)	阶段标记	重量	比例	
									(图样代号)
审核									
工艺			批准			共　张 第　张			(投影符号)

图 9-35　完成标题栏

7. 编写技术要求

单击功能区"默认"选项卡"注释"面板中的"文字"下拉菜单按钮→选择"多行文字"选项，编写技术要求，"技术要求"字高设为 6，其他文字的字高设为 5，结果如图 9-36 所示。

技术要求

1. 倒角去飞边毛刺；

2. 调质处理220～250HBW；

3. 材料无缺陷。

图 9-36　完成技术要求

8. 保存图形

 任务评价

完成任务后，填写表 9-1。

表 9-1　任务评价表

项目	序号	评价标准	自我评价	教师评价
绘图技能	1	会调用样板图文件	□完成 □基本完成 □继续学习	□好 □较好 □一般
	2	会设置标注样式	□完成 □基本完成 □继续学习	□好 □较好 □一般
	3	会设置文字样式	□完成 □基本完成 □继续学习	□好 □较好 □一般
	4	会插入表面粗糙度块	□完成 □基本完成 □继续学习	□好 □较好 □一般
	5	会填写标题栏	□完成 □基本完成 □继续学习	□好 □较好 □一般
	6	会录入技术要求	□完成 □基本完成 □继续学习	□好 □较好 □一般
其他项目	1	遵守纪律	□好 □较好 □一般	□好 □较好 □一般
	2	认真听讲和练习绘图操作	□好 □较好 □一般	□好 □较好 □一般
	3	积极参与讨论和交流	□好 □较好 □一般	□好 □较好 □一般
	4	规范开关计算机设备	□好 □较好 □一般	□好 □较好 □一般

任务小结

本任务穿插讲解调用样板图文件、修改填充图案比例、标注样式设置等功能的应用。通过绘制完整的零件图，可提高学习者综合应用 AutoCAD 的能力。

任务拓展

★异形阀芯零件实体图如图 9-37 所示，扫二维码观看异形阀芯零件图的绘制视频，根据图 9-38 所示图样，自主完成异形阀芯零件图的绘制。

★异形阀芯在正常使用时，要求耐高温，能与芯座贴合密切，具有良好的密封性，在本任务拓展中的体现就是密封面处两零件配研磨达到 $Ra1.6$ 的表面粗糙度要求，查阅相关文献，了解研磨使用场景、研磨方法。

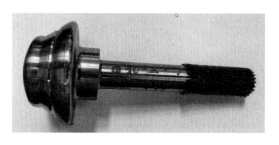

扫一扫观看操作视频：
异形阀芯零件图的绘制

图 9-37　异形阀芯零件实体图

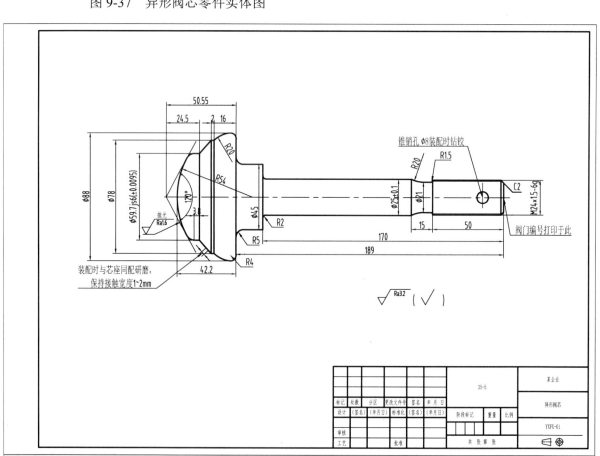

图 9-38　异形阀芯零件图

任务 10　轴类零件图的绘制

任务目标

根据图 10-1 所示，完成齿轮轴零件图的绘制。

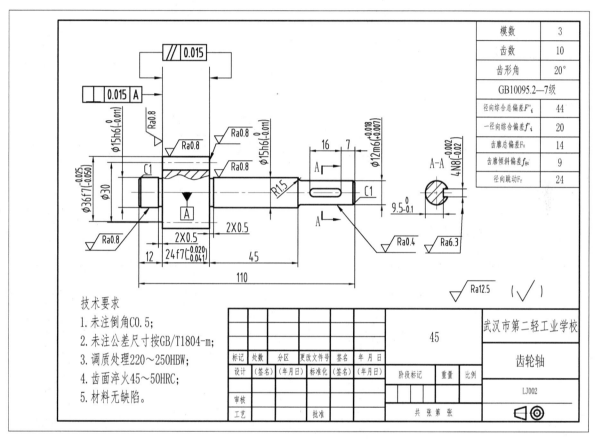

图 10-1　齿轮轴零件图

技术要求
1. 未注倒角 C0.5；
2. 未注公差尺寸按 GB/T1804-m；
3. 调质处理 220～250HBW；
4. 齿面淬火 45～50HRC；
5. 材料无缺陷。

任务要点

齿轮轴零件由若干段直径不同的圆柱体组成，轴上有齿轮、键槽等结构，通过使用"矩形""移动""分解""偏移""修剪""特性匹配""倒角""样条曲线""圆角""图案填充""线性标注""半径标注""堆叠""插入块""公差""表格"等命令来完成图形的绘制。

任务实施

（一）实施流程

绘制齿轮轴零件的流程：调入样板图，绘制轴的主视图及断面图，标注尺寸公差、表面粗糙度、几何公差等技术要求，填写标题栏，如图 10-2 所示。

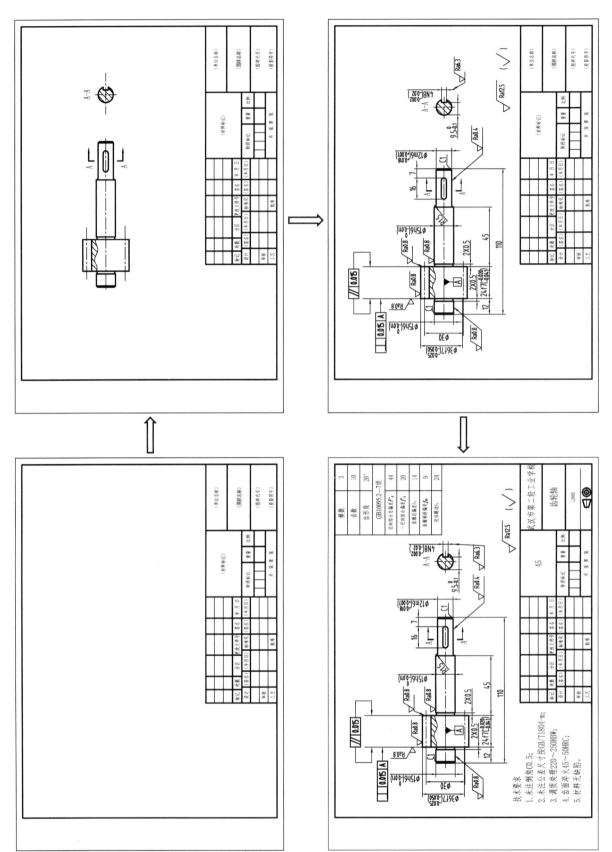

图 10-2 流程图

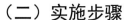

（二）实施步骤

1. 调用样板图

根据零件的结构形状与大小确定表达方法、比例和图幅，调用样板图。

零件图采用主视图、断面图两个视图，以此来表达零件的结构与特征。主视图采用局部剖视图，调用样板图 A4 幅面，比例采用 1:1。

2. 设置绘图环境

在状态栏中设置极轴角为 45°，设置相关的对象捕捉模式，并依次激活"正交""对象捕捉""对象捕捉追踪"功能。

3. 绘制主视图

（1）绘制中心线

将中心线图层设置为当前图层，绘制中心线，如图 10-3 所示。

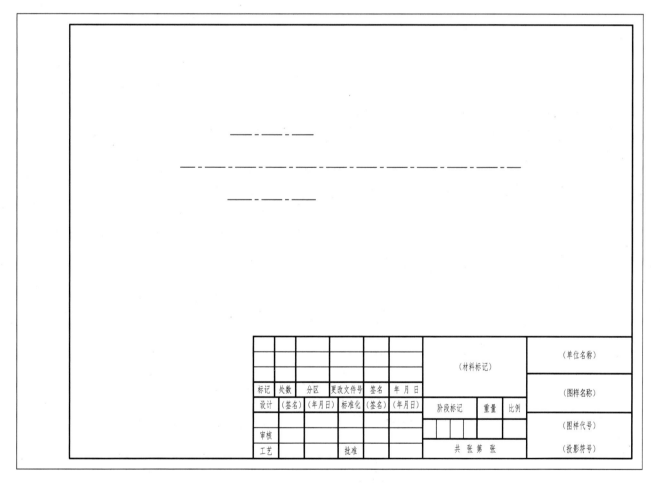

图 10-3 A4 图幅及中心线

（2）绘制齿轮轴中齿轮的外轮廓

① 将粗实线图层设置为当前图层，采用"矩形""移动"命令绘制主视图中的齿轮外轮廓。单击功能区"默认"选项卡"绘图"面板中的"矩形"图标口，命令行及操作显示如下。

命令：_rectang

指定第一个角点或 [倒角(C)/标高(E)/圆角(F)/厚度(T)/宽度(W)]： （在中心线附近单击）

指定另一个角点或 [面积(A)/尺寸(D)/旋转(R)]：@24，36 （按 Enter 键）

② 单击功能区"默认"选项卡"修改"面板中的"移动"图标 ✥，命令行及操作显示如下。

命令：_move

选择对象：找到 1 个 （单击矩形）

选择对象： （右击）

指定基点或 [位移(D)] <位移>：>> （捕捉矩形右边线中点）

指定第二个点或<使用第一个点作为位移>： （捕捉中间中心线的最近点）

绘制的齿轮外轮廓如图 10-4 所示。

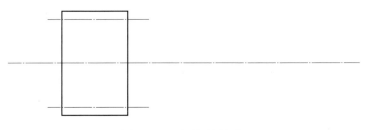

图 10-4　齿轮外轮廓

（3）绘制齿轮轴主视图其他部分图形

① 单击功能区"默认"选项卡"修改"面板中的"分解"图标 🗇，命令行及操作显示如下。

命令：_explode

选择对象：找到 1 个 （单击矩形）

选择对象： （按 Enter 键）

将矩形分解。采用"偏移""修剪"命令绘制所有垂线，如图 10-5 所示。

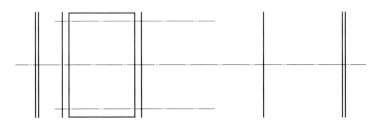

图 10-5　绘制所有垂线

② 采用"偏移"命令，将中间的中心线向上、向下分别偏移 7.5，如图 10-6 所示。

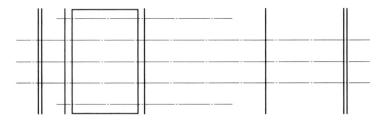

图 10-6　将中间的中心线向上、向下分别偏移 7.5

③ 单击功能区"默认"选项卡"特性"面板中的"特性匹配"图标█↴→单击任一条粗实线→单击上一步偏移的两条水平线，如图 10-7 所示。

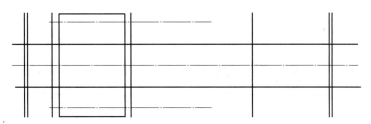

图 10-7　将中心线变成粗实线线型并偏移

④ 采用"修剪"命令，将图形修剪成如图 10-8 所示图形。

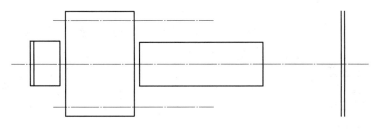

图 10-8　修剪结果

⑤ 绘制如图 10-9 所示的 4 条短线；将这 4 条短线分别向中心线方向移动 0.5，如图 10-10 所示。

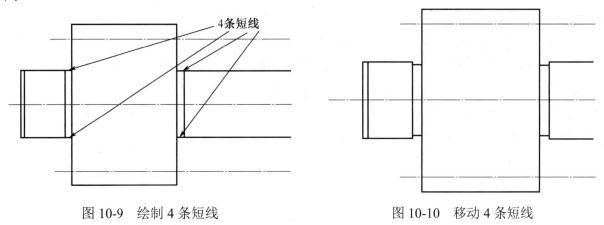

图 10-9　绘制 4 条短线　　　　　　　　图 10-10　移动 4 条短线

⑥ 在轴的右部中间绘制 1 条水平线，如图 10-11 所示。将此直线向上移动 6，如图 10-12 所示。

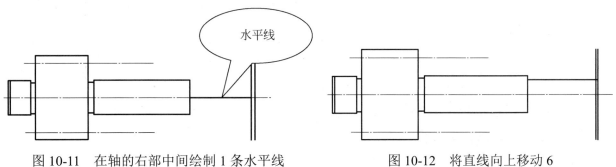

图 10-11　在轴的右部中间绘制 1 条水平线　　　　图 10-12　将直线向上移动 6

⑦ 将移动得到的直线向下偏移 12，如图 10-13 所示。

⑧ 采用"偏移""修剪""倒角"等命令，编辑图形，如图 10-14 所示。

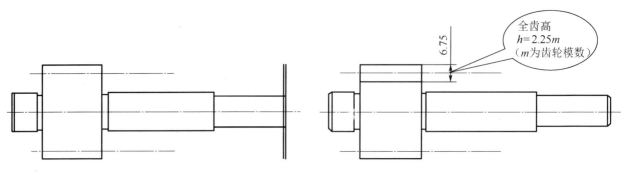

图 10-13　偏移直线　　　　图 10-14　"偏移""修剪""倒角"等命令编辑图形

⑨ 将细实线图层设置为当前图层，单击功能区"默认"选项卡"绘图"面板下拉菜单中的"样条曲线拟合"图标，命令行及操作显示如下。

```
命令：_SPLINE
当前设置：方式 = 拟合　　节点 = 弦
指定第一个点或 [方式(M)/节点(K)/对象(O)]：_M
输入样条曲线创建方式 [拟合(F)/控制点(CV)] <拟合>：_FIT
当前设置：方式 = 拟合　　节点 = 弦
指定第一个点或 [方式(M)/节点(K)/对象(O)]：　　　　　　　　　（在 A 点处单击）
输入下一个点或 [起点切向(T)/公差(L)]：　　　　　　　　　　　（在 B 点处单击）
输入下一个点或 [端点相切(T)/公差(L)/放弃(U)]：　　　　　　　（在 C 点处单击）
输入下一个点或 [端点相切(T)/公差(L)/放弃(U)/闭合(C)]：　　　（在 D 点处单击）
输入下一个点或 [端点相切(T)/公差(L)/放弃(U)/闭合(C)]：　　　（在 E 点处单击）
输入下一个点或 [端点相切(T)/公差(L)/放弃(U)/闭合(C)]：　　　（在 F 点处单击）
输入下一个点或 [端点相切(T)/公差(L)/放弃(U)/闭合(C)]：　　　（按 Enter 键）
```

绘制的样条曲线如图 10-15 所示。

⑩ 将齿轮部分以外的样条曲线修剪掉，进行图案填充，如图 10-16 所示。

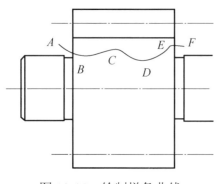
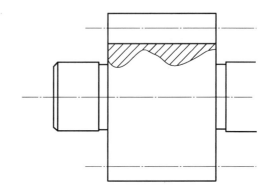

图 10-15　绘制样条曲线　　　　　　图 10-16　修剪并填充

⑪ 倒圆并绘制键槽，如图 10-17 所示。

4. 绘制断面图

断面图如图 10-18 所示。

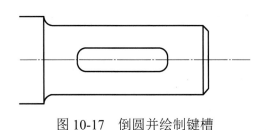

图 10-17　倒圆并绘制键槽

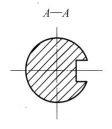

图 10-18　断面图

改变线型比例，使中心线的线型比例缩小。

单击功能区"默认"选项卡"特性"面板中的"线型"下拉列表 ————ByLayer ▼，如图 10-19 所示，选择"其他…"选项，弹出"线型管理器"对话框→单击"显示细节"按钮（单击该按钮后，对话框下方显示"详细信息"选区，按钮名称变为"隐藏细节"），在"全局比例因子"文本框中输入 0.5，在"当前对象缩放比例"文本框中输入 0.5，如图 10-20 所示→单击"确定"按钮。

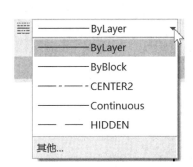

图 10-19　"线型"下拉列表

图 10-20　"线型管理器"对话框

完成整个图形的绘制，即一个主视图和一个断面图，如图 10-21 所示。

5. 标注尺寸

（1）设置标注样式

① 单击功能区"注释"选项卡"标注"面板中的"标注样式"下拉列表 ISO-25 ▼→选择"管理标注样式…"选项，弹出"标注样式管理器"对话框→单击"新建"按钮，弹出"创建新标注样式"对话框→在"新样式名"文本框中输入 y1，如图 10-22 所示。

② 单击"继续"按钮，依次设置 5 个选项卡，如图 10-23～图 10-27 所示。

轻松学AutoCAD基础教程（第2版）

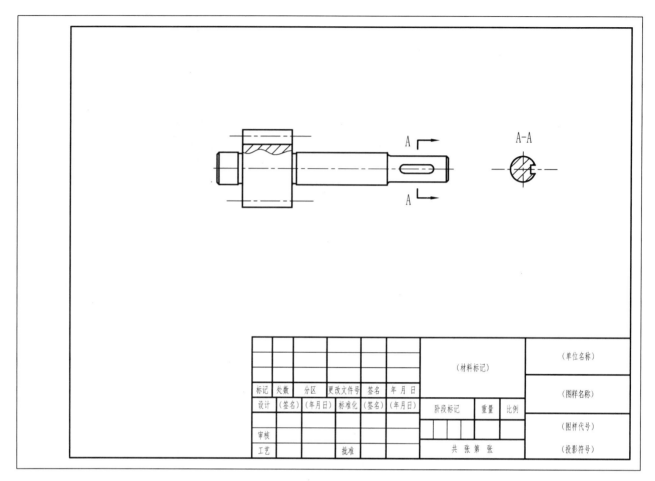

图 10-21　绘制完成整个图形

图 10-22　"创建新标注样式"对话框

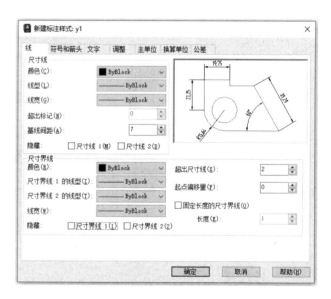

图 10-23　设置"线"选项卡

·110·

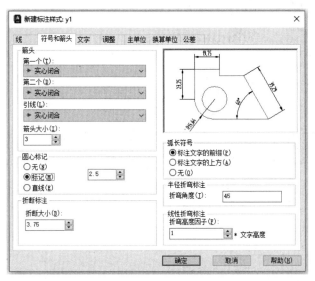

图 10-24　设置"符号和箭头"选项卡

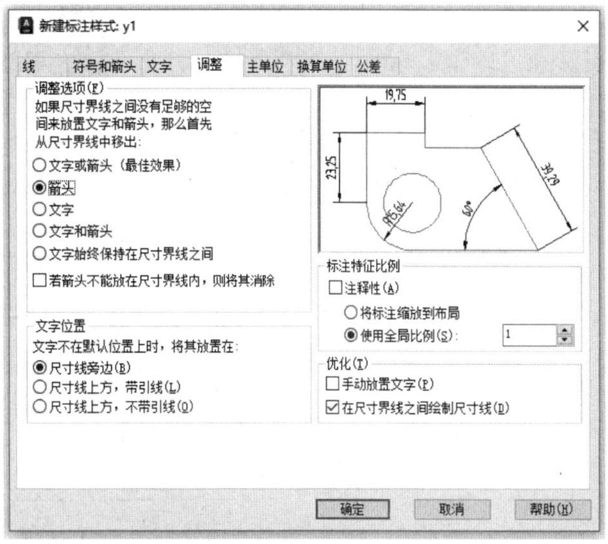

图 10-25　设置"调整"选项卡

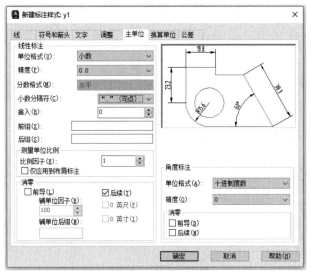

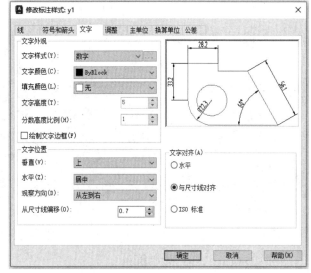

图 10-26　设置"主单位"选项卡

图 10-27　设置"文字"选项卡

文字样式还可以采用以下方法设置。

单击功能区"注释"选项卡"文字"面板中的"文字样式"下拉列表 `Standard`▾，
选择"数字"样式，如图 10-28 所示。

图 10-28　选择"数字"样式

用标注样式 y1 标注所有尺寸：12、24f7($^{-0.020}_{-0.041}$)、45、110、2×0.5、C1、16、7、R1.5、ϕ12m6($^{+0.018}_{+0.007}$)、ϕ15h6($^{0}_{-0.011}$)、ϕ30、ϕ36f7($^{-0.025}_{-0.050}$)、9.5$^{0}_{-0.1}$、4N8($^{-0.002}_{-0.02}$)，如图 10-29 所示。

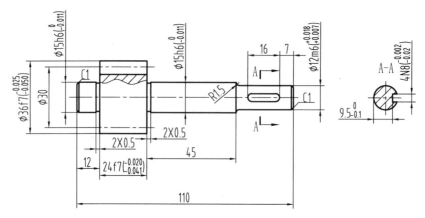

图 10-29　标注尺寸

（2）线性标注

1）12、45、110、16、7 尺寸标注。

① 12 尺寸的标注。

单击功能区"注释"选项卡"标注"面板中的"线性"图标⊢，命令行及操作显示如下。

命令：_dimlinear	
指定第一条尺寸界线原点或<选择对象>：<对象捕捉 开>	（捕捉 12 尺寸的左端点）
指定第二条尺寸界线原点：	（捕捉 12 尺寸的右端点）
指定尺寸线位置或	
[多行文字(M)/文字(T)/角度(A)/水平(H)/垂直(V)/旋转(R)]：	（在合适的位置单击）
标注文字 = 12	

② 其他尺寸的标注与上面的操作相同。

2）2×0.5、ϕ30 尺寸标注。

① 2×0.5 尺寸的标注。

单击功能区"注释"选项卡"标注"面板中的"线性"图标⊢，命令行及操作显示如下。

命令：_dimlinear	
指定第一条尺寸界线原点或<选择对象>：	（捕捉 2×0.5 尺寸的左端点）
指定第二条尺寸界线原点：	（捕捉 2×0.5 尺寸的右端点）
指定尺寸线位置或	
[多行文字(M)/文字(T)/角度(A)/水平(H)/垂直(V)/旋转(R)]：t	（按 Enter 键）
输入标注文字<2>：2×0.5	（按 Enter 键）
指定尺寸线位置或	
[多行文字(M)/文字(T)/角度(A)/水平(H)/垂直(V)/旋转(R)]：	（在合适的位置单击）
标注文字 = 2	

② ϕ30 尺寸的标注。

单击功能区"注释"选项卡"标注"面板中的"线性"图标 ⊢，命令行及操作显示如下。

命令：_dimlinear	
指定第一条尺寸界线原点或<选择对象>：	（捕捉 ϕ30 尺寸的上端点）
指定第二条尺寸界线原点：	（捕捉 ϕ30 尺寸的下端点）
指定尺寸线位置或	
[多行文字(M)/文字(T)/角度(A)/水平(H)/垂直(V)/旋转(R)]：t	（按 Enter 键）
输入标注文字<36>：%%c30	（按 Enter 键）
指定尺寸线位置或	
[多行文字(M)/文字(T)/角度(A)/水平(H)/垂直(V)/旋转(R)]：	（在合适的位置单击）
标注文字 = 30	

3）24f7$\left(^{-0.020}_{-0.041}\right)$、$\phi$12m6$\left(^{+0.018}_{+0.007}\right)$、$\phi$15h6$\left(^{0}_{-0.011}\right)$、$\phi$36f7$\left(^{-0.025}_{-0.050}\right)$、9.5$^{0}_{-0.1}$、4N8$\left(^{-0.002}_{-0.02}\right)$尺寸的标注。

① 24f7$\left(^{-0.020}_{-0.041}\right)$尺寸的标注。

单击功能区"注释"选项卡"标注"面板中的"线性"图标 ⊢，命令行及操作显示如下。

命令：_dimlinear	
指定第一条尺寸界线原点或<选择对象>：	（捕捉 24f7$\left(^{-0.020}_{-0.041}\right)$尺寸的左端点）
指定第二条尺寸界线原点：	（捕捉 24f7$\left(^{-0.020}_{-0.041}\right)$尺寸的右端点）
指定尺寸线位置或	
[多行文字(M)/文字(T)/角度(A)/水平(H)/垂直(V)/旋转(R)]：	（在合适的位置单击）
标注文字 = 24	

标注结果如图 10-30 所示。

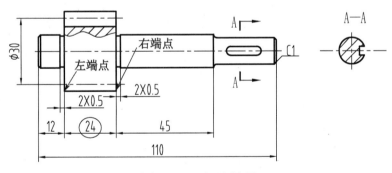

图 10-30　标注结果

单击功能区"默认"选项卡"修改"面板中的"分解"图标 ，命令行及操作显示如下。

命令：_explode	
选择对象：找到 1 个	（单击 24 尺寸）
选择对象：	（按 Enter 键）

选中数字 24，右击，弹出快捷菜单，如图 10-31 所示→单击"编辑多行文字…"选项，弹出"文字编辑器"选项卡→在文本框中输入文字"24f7（-0.020^-0.041)"，如图 10-32 所示。

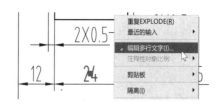

图 10-31　快捷菜单

图 10-32　"文字编辑器"选项卡

选中括号中的内容，如图 10-33 所示→单击"文字编辑器"选项卡"格式"面板中的"堆叠"图标，选中内容变成如图 10-34 所示的形式→单击"关闭文字编辑器"按钮，24f7（$_{-0.041}^{-0.020}$）尺寸标注完成。

图 10-33　选中内容

图 10-34　"堆叠"后的结果

其他尺寸的标注与上面的操作相同。

② ϕ12m6($_{+0.007}^{+0.018}$)尺寸的标注。

单击功能区"注释"选项卡"标注"面板中的"线性"图标，命令行及操作显示如下。

命令：_dimlinear
指定第一条尺寸界线原点或〈选择对象〉：〈对象捕捉开〉　（捕捉ϕ12m6($_{+0.007}^{+0.018}$)尺寸的下端点）
指定第二条尺寸界线原点：　　　　　　　　　　　（捕捉ϕ12m6($_{+0.007}^{+0.018}$)尺寸的上端点）
指定尺寸线位置或
[多行文字(M)/文字(T)/角度(A)/水平(H)/垂直(V)/旋转(R)]：m
　　　　　　　　　　　　（按 Enter 键，或者单击鼠标右键，选择多行文字）

弹出"文字编辑器"选项卡，在文本框中输入文字"%%c12m6（+0.018^+0.007）"，如图 10-35 所示，选中括号中的内容→单击"文字编辑器"选项卡"格式"面板中的"堆叠"图标，选中的内容变成图 10-36 所示形式→单击"关闭文字编辑器"按钮，ϕ12m6($_{+0.007}^{+0.018}$)尺寸标注完成，如图 10-37 所示。

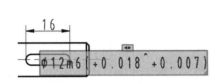

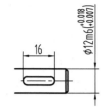

图 10-35　输入文字　　图 10-36　利用"堆叠"命令调整　图 10-37　利用"移动"和"拉伸"命令调整

其他尺寸的标注与上面的操作相同。

（3）半径标注

*R*1.5 尺寸的标注。

单击功能区"注释"选项卡"标注"面板中的"线性"下拉菜单按钮　→单击"半径"图标　，命令行及操作显示如下。

命令：_dimradius

选择圆弧或圆：　　　　　　　　　　　　　　　　　（单击圆弧）

标注文字 ＝1.5

指定尺寸线位置或〔多行文字（M）/文字（T）/角度（A）〕：　（在合适的位置单击）

结果如图 10-29 所示。

6. 标注表面粗糙度

用项目 1 任务 8 块操作中创建的带属性的表面粗糙度块进行标注，插入块时缩放比例为 0.8。左表面的表面粗糙度在插入块时设定旋转角度来标注（完成图形如图 10-38 所示）。

插入值为 12.5 的表面粗糙度时缩放比例为 1。

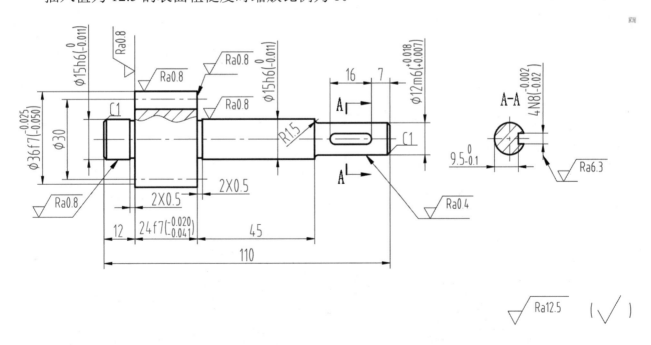

图 10-38　标注表面粗糙度

单击功能区"默认"选项卡"块"面板中的"插入"下拉菜单按钮 插入 ，如图 10-39 所示
→选择"库中的块…"选项→弹出"块"对话框，如图 10-40 所示→单击"浏览"图标 ，
弹出"为块库选择文件夹或文件"对话框，如图 10-41 所示→选择"表面粗糙度"块→单击
"打开"按钮，返回"块"对话框，修改"比例"为"统一比例"，输入缩放比例 0.8，如图
10-42 所示，单击"表面粗糙度"文件→捕捉如图 10-43 所示的位置，弹出"编辑属性"对话
框，→在"RD"文本框中输入 Ra0.8→单击"确定"按钮，插入结果如图 10-44 所示。

图 10-39　"插入"下拉菜单

图 10-40　"块"对话框

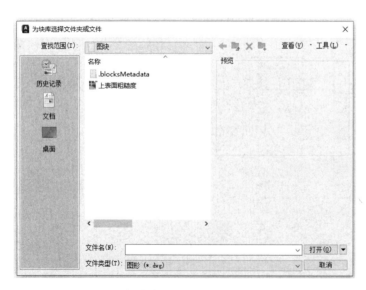

图 10-41　"为块库选择文件夹或文件"对话框

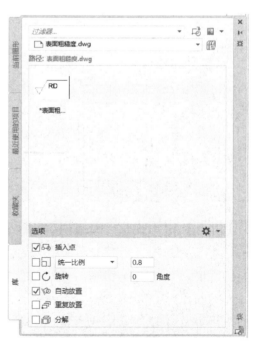

图 10-42　"块"对话框

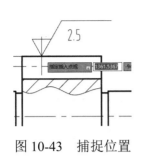

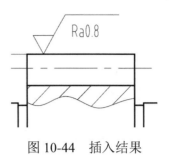

图 10-43　捕捉位置　　　　　　　　　　　图 10-44　插入结果

其他表面粗糙度的插入方法与上面的方法相同。

7. 标注几何公差

利用功能区"注释"选项卡"引线"面板中的"多重引线""直线"命令绘制引线。

单击功能区"注释"选项卡"标注"面板下拉菜单中的"公差"图标，弹出"形位公差"对话框→单击"符号"下的黑框，弹出"特征符号"对话框，如图 10-45 所示→选择垂直度符号→在"公差 1"的中间框中输入 0.015，在"基准 1"左框中输入 A，如图 10-46 所示→单击"确定"按钮，将垂直度公差插入图中。用同样的方法标注平行度公差，结果如图 10-47 所示。

📖　说明：几何公差的引线采用功能区"注释"选项卡"引线"面板中的"多重引线"命令绘制（参见任务 2、任务 5 中的介绍）。

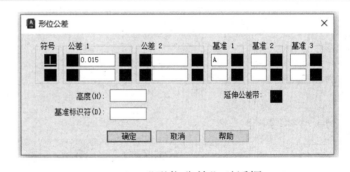

图 10-45　"特征符号"对话框图　　　　　10-46　"形位公差"对话框

8. 绘制及填写参数表

使用"表格"命令完成参数表的创建和填写，具体方法如下。

① 单击功能区"默认"选项卡"注释"面板中的"表格"图标→弹出"插入表格"对话框，如图 10-48 所示→单击"启动'表格样式'对话框"图标→弹出"表格样式"对话框，单击"新建"按钮，弹出"创建新的表格样式"对话框，如图 10-49 所示→在"新样式名"文本框中输入"参数表"→单击"继续"按钮，弹出"新建表格样式：参数表"对话框。

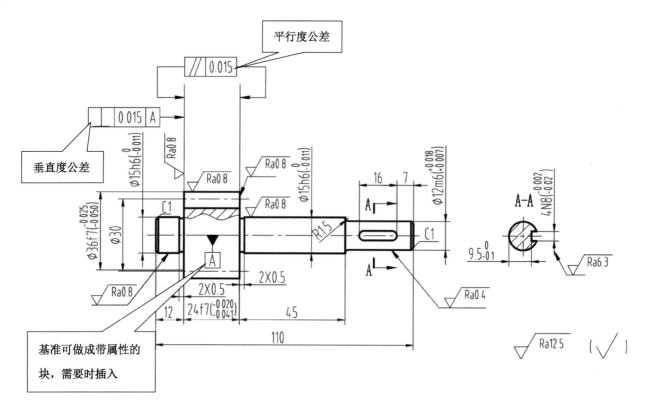

图 10-47　几何公差的标注

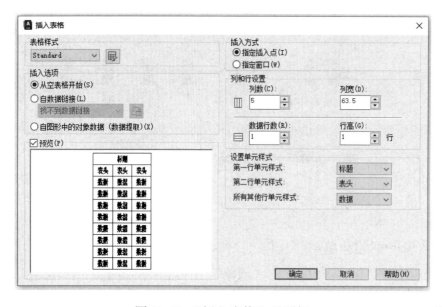

图 10-48　"插入表格"对话框

图 10-49　"创建新的表格样式"
对话框

　　② 在"单元样式"下拉列表中选择"数据"选项，其"常规"选项卡和"文字"选项卡的设置分别如图 10-50 和图 10-51 所示。

　　③ 在"单元样式"下拉列表中选择"表头"选项，其"常规"选项卡和"文字"选项卡的设置分别如图 10-52 和图 10-53 所示。

图 10-50   "数据"选项中"常规"选项卡的设置

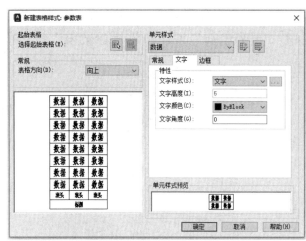

图 10-51   "数据"选项中"文字"选项卡的设置

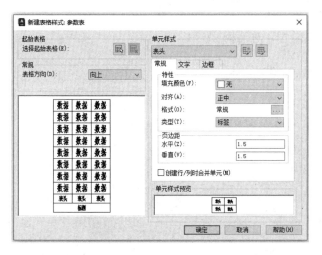

图 10-52   "表头"选项中"常规"选项卡的设置

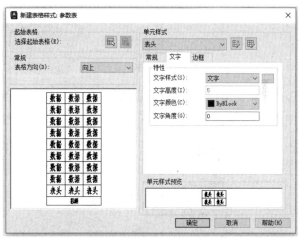

图 10-53   "表头"选项中"文字"选项卡的设置

④ 在"单元样式"下拉列表中选择"标题"选项，其"常规"选项卡和"文字"选项卡的设置分别如图 10-54 和图 10-55 所示→单击"确定"按钮，退出"新建表格样式：参数表"对话框。

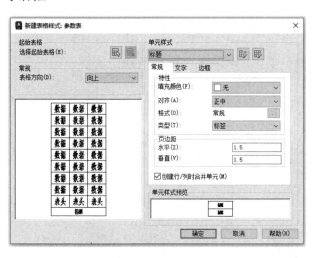

图 10-54   "标题"选项中"常规"选项卡的设置

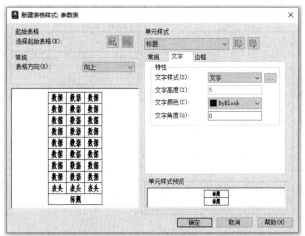

图 10-55   "标题"选项中"文字"选项卡的设置

⑤ 在"表格样式"对话框的"样式"列表框中选择"参数表"选项，如图 10-56 所示→单击"置为当前"按钮，将"参数表"表格样式置为当前表格样式。

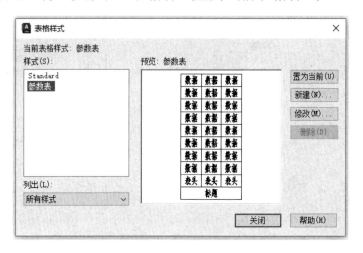

图 10-56　"表格样式"对话框

⑥ 单击"关闭"按钮，退出"表格样式"对话框。

⑦ "插入表格"对话框的设置如图 10-57 所示。

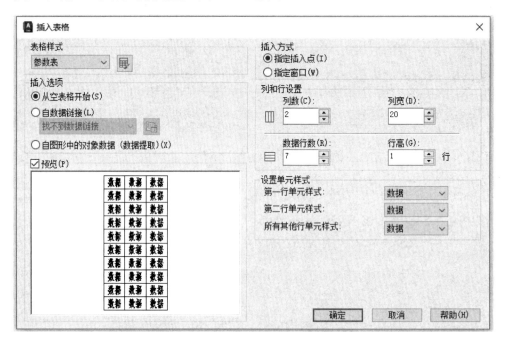

图 10-57　"插入表格"对话框

⑧ 单击"确定"按钮，退出"插入表格"对话框→将参数表插入图框的空白处，如图 10-58 所示→采用"移动"命令将明细栏表格移动到图框的右上角，如图 10-59 所示。

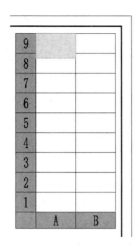

图 10-58　初始明细栏表格

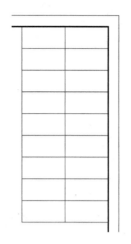

图 10-59　移动后明细栏表格

⑨ 双击参数表第一行空白处，弹出"文字编辑器"选项卡→设置样式、文字高度、格式等，如图 10-60 所示→在明细栏单元格中输入"模数"→回车，如图 10-61 所示。

图 10-60　"文字编辑器"选项卡

图 10-61　参数表标题栏

⑩ 采用同样的方法完成其他单元格中参数的输入，参数表输入结果如图 10-62 所示。

📖　说明：参数表也可采用"直线""偏移""修剪"命令绘制。

9. 编写技术要求及填写标题栏

使用功能区"默认"选项卡"注释"面板的"文字"下拉菜单中的"多行文字"命令来编写技术要求，"技术要求"字高设为 6，其他文字的字高设为 5，结果如图 10-63 所示。

使用"编辑多行文字…"命令来填写标题栏，材料和零件名称等字高为 5，设计人员签名及日期等字高为 3。

单击标题栏中的"图样名称"，如图 10-64 所示→右击，弹出快捷菜单，如图 10-65 所示→选择"编辑多行文字…"选项，弹出"文字编辑器"选项卡→在文本框中输入"齿轮轴"，选项设置、参数设置及输入文字→单击"确定"按钮。

采用同样的方法完成标题栏的填写，如图 10-66 所示。

模数	3
齿数	10
齿形角	20°
GB10095.2—7级	
径向综合总偏差F''_i	44
一径向综合偏差f''_i	20
齿廓总偏差F_α	14
齿廓倾斜偏差$f_{H\alpha}$	9
径向跳动F_r	24

图 10-62　参数表输入结果

技术要求
1. 未注倒角C0.5；
2. 未注公差尺寸按GB/T1804—m；
3. 调质处理220～250HBW；
4. 齿面淬火45～50HRC；
5. 材料无缺陷。

图 10-63　技术要求

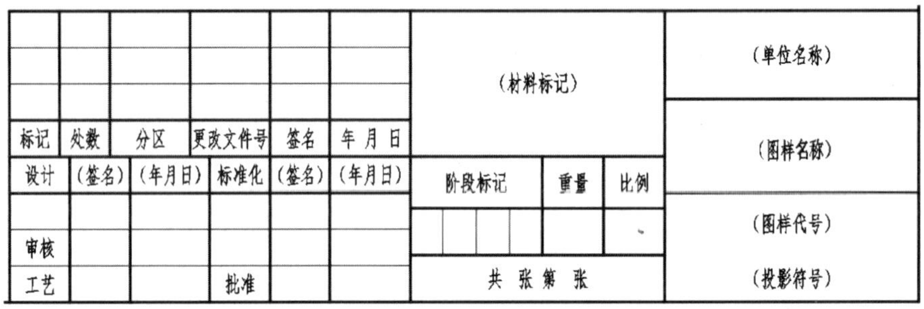

标记	处数	分区	更改文件号	签名	年 月 日	(材料标记)			(单位名称)
设计	(签名)	(年月日)	标准化	(签名)	(年月日)	阶段标记	重量	比例	(图样名称)
审核									(图样代号)
工艺			批准			共 张 第 张			(投影符号)

图 10-64　选择编辑对象

图 10-65　快捷菜单

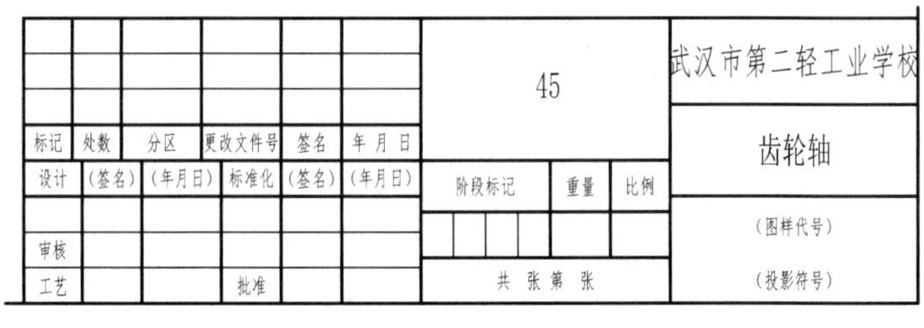

标记	处数	分区	更改文件号	签名	年 月 日	45			武汉市第二轻工业学校
设计	(签名)	(年月日)	标准化	(签名)	(年月日)	阶段标记	重量	比例	齿轮轴
审核									(图样代号)
工艺			批准			共 张 第 张			(投影符号)

图 10-66　标题栏填写完成

因绘图采用的第一视角画法，所以可以在标题栏中省略标注，也可以标注，标注结果如图 10-67 所示。

标记	处数	分区	更改文件号	签名	年 月 日		45			武汉市第二轻工业学校		
设计	(签名)	(年月日)	标准化	(签名)	(年月日)					齿轮轴		
						阶段标记		重量	比例			
审核										LJ002		
工艺			批准			共 张 第 张						

图 10-67 第一视角标注

完整的齿轮轴零件图参见图 10-1 所示。

10. 保存图形文件

 任务评价

完成任务后，填写表 10-1。

表 10-1 任务评价表

项目	序号	评价标准	自我评价	教师评价
绘图技能	1	会调用图形样板	□完成 □基本完成 □继续学习	□好 □较好 □一般
	2	会设置标注样式	□完成 □基本完成 □继续学习	□好 □较好 □一般
	3	会选用文字样式	□完成 □基本完成 □继续学习	□好 □较好 □一般
	4	会操作参数表功能	□完成 □基本完成 □继续学习	□好 □较好 □一般
	5	会修改线性比例	□完成 □基本完成 □继续学习	□好 □较好 □一般
	6	零件图绘制完整	□完成 □基本完成 □继续学习	□好 □较好 □一般
其他项目	1	遵守纪律	□好 □较好 □一般	□好 □较好 □一般
	2	认真听讲和练习绘图操作	□好 □较好 □一般	□好 □较好 □一般
	3	积极参与讨论和交流	□好 □较好 □一般	□好 □较好 □一般
	4	规范开关计算机设备	□好 □较好 □一般	□好 □较好 □一般

 任务小结

本任务讲解了调用样板图文件、修改线性比例、带尺寸公差标注样式设置、参数表功能的应用、几何公差的标注等，通过绘制典型轴类零件图，进一步提高学习者应用 AutoCAD 软件的绘图能力。

 任务拓展

★轴头零件，如图 10-68 所示，是高速旋转机械的转子部分。高速旋转机械为保证转动时的平衡，对其组成零件的几何公差要求较高，在轴头零件图中体现在对轴头装配贴合端面与基准外圆的垂直度要求很高。

★扫二维码观看轴头零件图的绘制视频，根据图 10-69 所示图样，自主独立完成轴头零件图的绘制。

扫一扫观看操作视频：
轴头零件图的绘制

图 10-68　轴头零件实体图

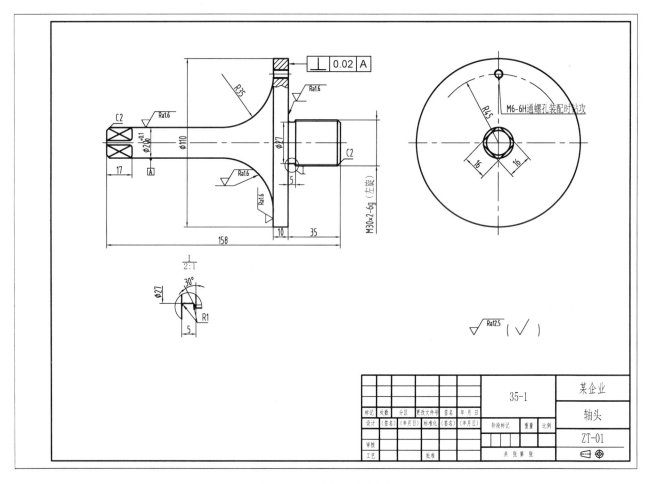

图 10-69　轴头零件图

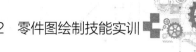

任务 11　盘盖类零件图的绘制

任务目标

根据图 11-1 所示,完成 J1 型轴孔半联轴器零件图的绘制。

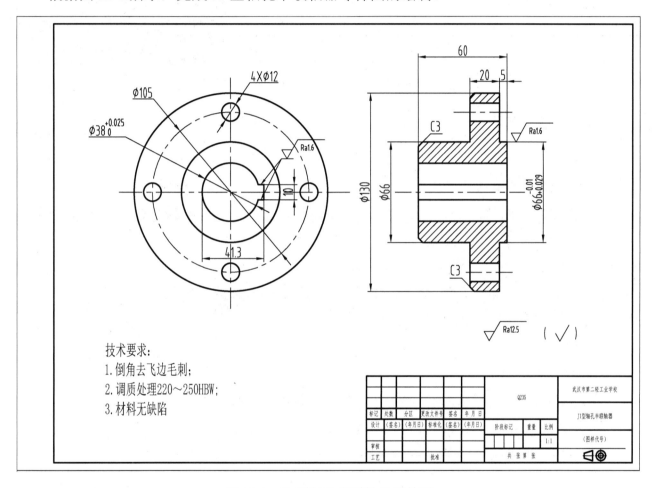

图 11-1　J1 型轴孔半联轴器零件图

任务要点

J1 型轴孔半联轴器零件由同一轴线上不同直径的圆柱面组成,其厚度相对于直径来说比较小,结构呈盘状。在零件上有 1 个键槽和均布的 4 个孔,通过使用"圆""偏移""修剪""特性匹配""直线""移动""偏移""倒角""镜像""图案填充""线性标注""直径标注"等命令来完成零件图的绘制。

任务实施

（一）实施流程（参见图11-2）

绘制流程：调入样板图，绘制主视图和左视图，标注尺寸及尺寸公差，插入表面粗糙度块，编写技术要求，填写标题栏。

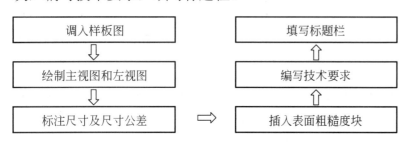

图11-2 流程图

（二）实施步骤

1. 调用样板图

根据零件的结构形状与大小确定表达方法、比例和图幅，调用样板图。

零件图采用主视图、左视图两个视图，以此来表达零件的结构与特点。左视图采用全剖视图。调用样板图A3图幅，比例采用1:1。

2. 设置绘图环境

在状态栏中设置极轴角为45°，设置相关的对象捕捉模式，并依次激活"正交""对象捕捉""对象捕捉追踪""极轴追踪"功能。

3. 绘制视图

（1）绘制主视图

① 将中心线图层设置为当前图层，绘制中心线、中心圆，如图11-3所示。

② 将粗实线图层设置为当前图层，绘制主视图中的7个圆，如图11-4所示。

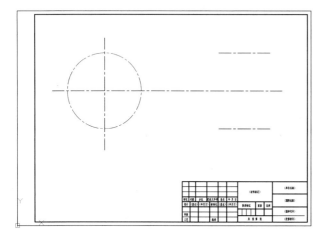
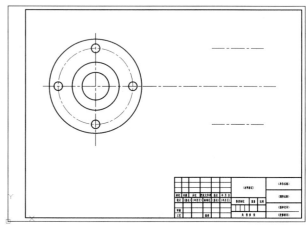

图11-3 绘制中心线、中心圆　　　图11-4 绘制主视图中的7个圆

③ 采用"偏移""修剪""特性匹配"命令绘制键槽，如图 11-5 所示。

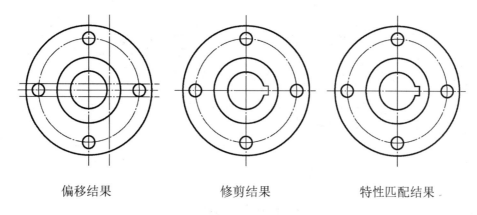

偏移结果   修剪结果   特性匹配结果

图 11-5 绘制键槽

（2）绘制左视图

用对象捕捉追踪方法保持视图之间的"高平齐、长对正、宽相等"，使用"绘图"命令及"复制""镜像"等编辑命令绘制左视图，具体方法如下所示。

1）利用"直线"命令、"对象捕捉追踪"功能绘制多段直线。

① 利用"直线"命令、"对象捕捉追踪"功能绘制多段直线的第 1 点，如图 11-6 所示。

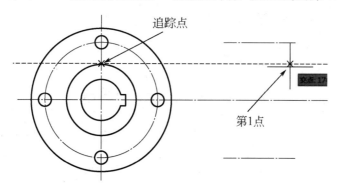

图 11-6 绘制多段直线的第 1 点

② 鼠标水平左移，输入 5，绘制多段直线的第 2 点（在状态栏中，激活"正交"功能），如图 11-7 所示。

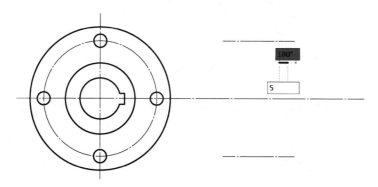

图 11-7 绘制多段直线的第 2 点

③ 鼠标垂直上移，追踪捕捉多段直线的第 3 点，如图 11-8 所示。

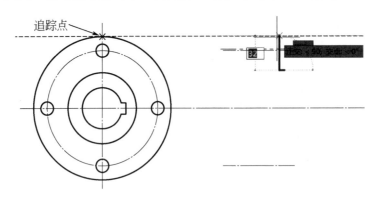

图 11-8　绘制多段直线的第 3 点

④ 鼠标水平左移，输入 20，绘制多段直线的第 4 点，如图 11-9 所示。

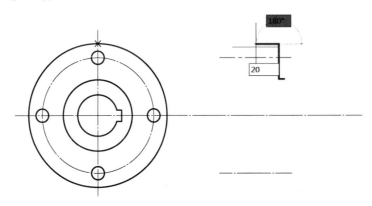

图 11-9　绘制多段直线的第 4 点

⑤ 鼠标垂直下移，输入 32，绘制多段直线的第 5 点，如图 11-10 所示。

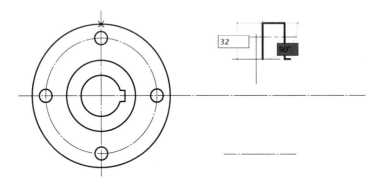

图 11-10　绘制多段直线的第 5 点

⑥ 鼠标水平左移，输入 35，绘制多段直线的第 6 点，如图 11-11 所示。

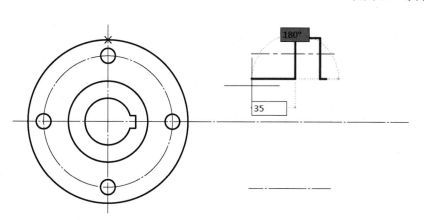

图 11-11　绘制多段直线的第 6 点

⑦ 鼠标垂直下移，捕捉垂足点，绘制多段直线的第 7 点，如图 11-12 所示。

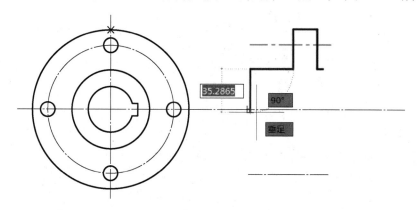

图 11-12　绘制多段直线的第 7 点

⑧ 用"直线"命令、"对象捕捉追踪"功能绘制出的多段直线如图 11-13 所示。

2）用"直线""移动""偏移""倒角""图案填充"命令绘制完成左视图。

① 单击功能区"默认"选项卡"绘图"面板中的"直线"图标 ，绘制 3 条直线，如图 11-14 所示。

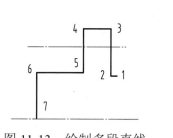

图 11-13　绘制多段直线

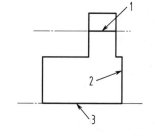

图 11-14　绘制 3 条直线

② 单击功能区"默认"选项卡"修改"面板中的"移动"图标 ，将直线 1 向上移动 6、直线 3 向上移动 5，如图 11-15 所示。

③ 单击功能区"默认"选项卡"修改"面板中的"偏移"图标 ，将直线 1 向下偏移 12，偏移结果如图 11-16 所示。

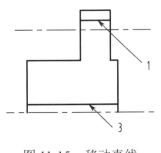

图 11-15　移动直线

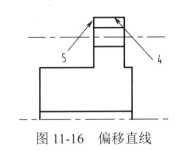

图 11-16　偏移直线

④ 单击功能区"默认"选项卡"修改"面板中的"圆角"下拉菜单按钮 圆角 ▾ ▼ →单击"倒角"图标 ，命令行及操作显示如下。

> 命令：_chamfer
> （"修剪"模式）当前倒角距离 **1 = 0.0000**，距离 **2 = 0.0000**
> 选择第一条直线或
> [放弃（U）/多段线（P）/距离（D）/角度（A）/修剪（T）/方式（E）/多个（M）]：d　　（按 Enter 键）
> 　　指定 第一个 倒角距离<0.0000>：3　　　　　　　　　　　　　（按 Enter 键）
> 　　指定 第二个 倒角距离<3.0000>：3　　　　　　　　　　　　　（按 Enter 键）
> 　　选择第一条直线或
> [放弃（U）/多段线（P）/距离（D）/角度（A）/修剪（T）/方式（E）/多个（M）]：　（单击图 11-16 中的直线 4）
> 　　选择第二条直线，或按住 Shift 键选择直线以应用角点或
> [距离（D）/角度（A）/方法（M）]：　　　　　　　　　　　　　　（单击图 11-16 中的直线 5）

使用同样的方法完成另一处倒角，结果如图 11-17 所示。

⑤ 单击功能区"默认"选项卡"修改"面板中的"镜像"图标 ，命令行及操作显示如下。

> 命令：_mirror
> 选择对象：指定对角点：找到 **14** 个　　　　　　　　（框选图 11-17 中的整个图形）
> 选择对象：　　　　　　　　　　　　　　　　　　　　（按 Enter 键）
> 指定镜像线的第一点：　　　　　　　　　　　　　　　（捕捉下面中心线的左端点）
> 指定镜像线的第二点：　　　　　　　　　　　　　　　（捕捉下面中心线的右端点）
> 要删除源对象吗？[是（Y）/否（N）]<否>：　　　　　　（按 Enter 键）

镜像结果如图 11-18 所示。

图 11-17　倒角结果

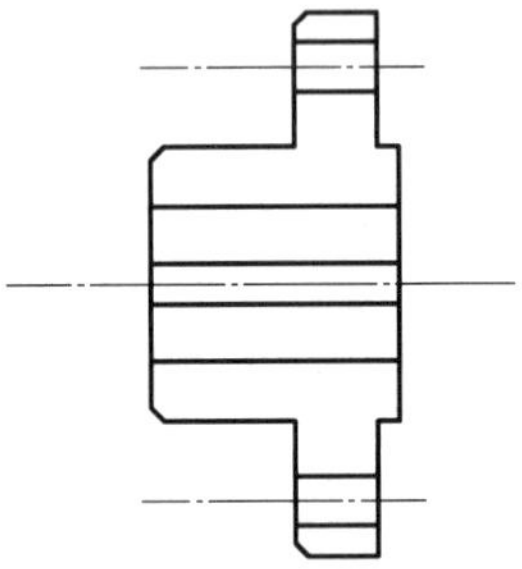

图 11-18　镜像结果

⑥ 设置剖面线图层为当前图层，使用"绘图"面板中的"图案填充"命令完成剖面填充，

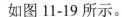

如图 11-19 所示。

⑦ 打断、拉伸水平中心线。

单击功能区"默认"选项卡"修改"面板中的"打断"图标 ，命令行及操作显示如下。

命令：_break 选择对象：　　　　　　　　　　　　（单击中间中心线上的一点）

指定第二个打断点或［第一点(F)］：〈对象捕捉 关〉　　（单击中间中心线上的另一点）

打断、拉伸水平中心线及调整图形位置，结果如图 11-20 所示。

4. 标注尺寸

（1）设置标注样式

单击功能区"注释"选项卡"标注"面板中的"标注样式"下拉列表 ISO-25 →选择"管理标注样式…"选项，弹出"标注样式管理器"对话框→单击"新建"按钮，弹出"创建新标注样式"对话框→在"新样式名"文本框中输入 y1，如图 11-21 所示。

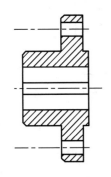
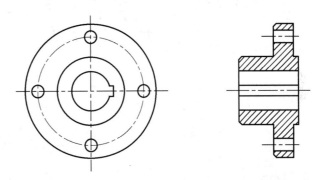

图 11-19　图案填充　　　　　　图 11-20　打断、拉伸中心线及调整图形位置

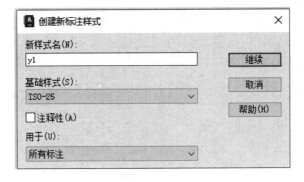

图 11-21　"创建新标注样式"对话框

单击"继续"按钮，依次设置 5 个选项卡。

● "线"选项卡："基线间距"数值框中输入 7；"超出尺寸线"数值框中输入 2；"起点偏移量"数值框中输入 0。

● "符号和箭头"选项卡："箭头大小"数值框中输入 5。

● "文字"选项卡："文字样式"选择"样式 1"（字体名：isocp.shx；文字高度：7；宽度因子：0.7；倾斜角度：0。）

● "调整"选项卡：单击"箭头"选项。

● "主单位"选项卡："精度"选择"0.0"，"小数分隔符"选择"."（句点）；"消零"选区中勾选"后续"复选框，其余采用默认设置。

（2）标注尺寸

1）线性尺寸标注。

将剖面线图层关闭。用标注样式 y1 标注尺寸 10、41.3、20、5、60、C3，如图 11-22 所示。

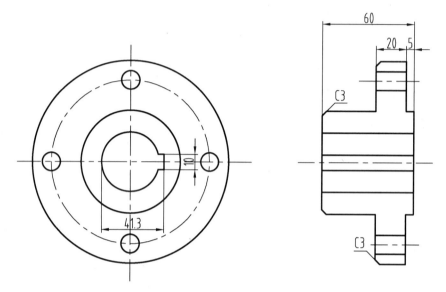

图 11-22　线性尺寸标注

2）直径标注。

新建标注样式 y2，设置如图 11-23 和图 11-24 所示，其余设置与标注样式 y1 相同。

● "文字"选项卡："文字对齐"选择"水平"选项。

● "调整"选项卡：选择"文字或箭头（最佳效果）"选项。

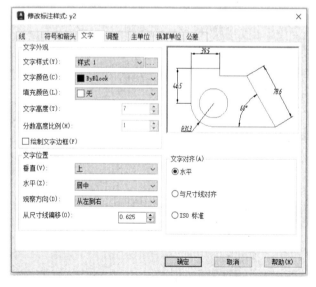
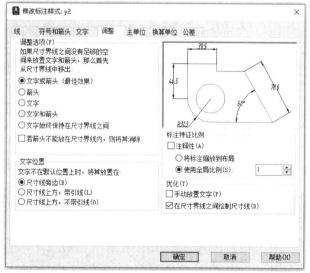

图 11-23　设置标注样式 y2 "文字"选项卡　　图 11-24　设置标注样式 y2 "调整"选项卡

用标注样式 y2 标注尺寸 ϕ105、4×ϕ12，如图 11-25 所示。

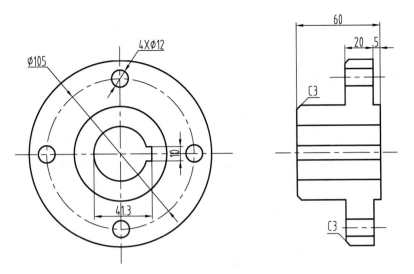

图 11-25　直径标注

3）线性尺寸带直径符号标注。

新建标注样式 y3，设置如图 11-26 所示，其余设置与标注样式 y1 相同。

● "主单位"选项卡："前缀"文本框中输入%%c。

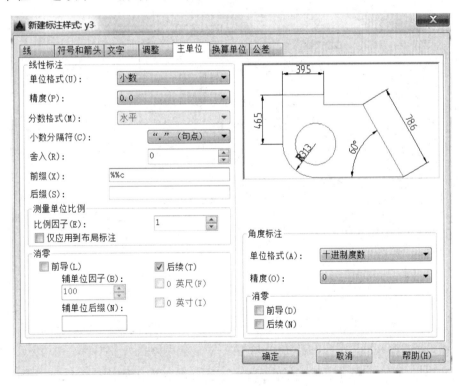

图 11-26　设置标注样式 y3 "主单位"选项卡

用标注样式 y3 标注尺寸 ϕ66、ϕ130，如图 11-27 所示。

4）带上下偏差尺寸的标注。

① 标注尺寸 $\phi 66_{-0.029}^{-0.01}$。

新建标注样式 y4，设置"公差"选项卡，如图 11-28 所示，其余设置与标注样式 y3 相同。

● "公差"选项卡："公差格式"选区中的"方式"选择"极限偏差"；"精度"选择"0.000"；

"上偏差"数值框中输入–0.01；"下偏差"数值框中输入–0.029，如图 11-28 所示。

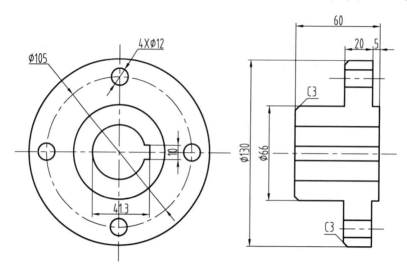

图 11-27 ϕ66、ϕ130 尺寸的标注

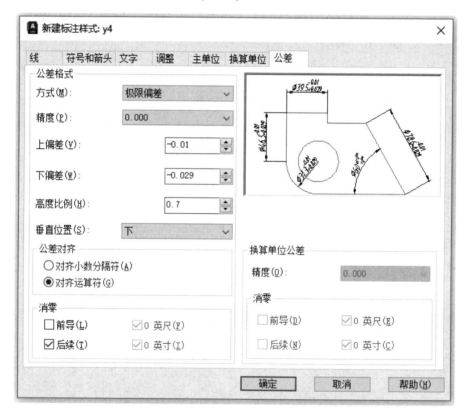

图 11-28 设置标注样式 y4 "公差"选项卡

② 标注尺寸 $\phi38^{+0.025}_{0}$ 。

新建标注样式 y5，设置"公差"选项卡，如图 11-29 所示，其余设置与标注样式 y2 相同。

◆"公差"选项卡："公差格式"选区中的"方式"选择"极限偏差"；"精度"选择"0.000"；"上偏差"数值框中输入 0.025；"下偏差"数值框中输入 0，结果如图 11-30 所示。

图 11-29　设置标注样式 y5 "公差" 选项卡

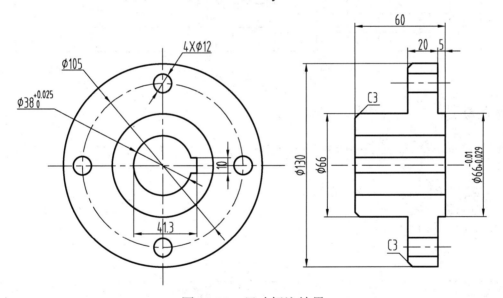

图 11-30　尺寸标注结果

5. 标注表面粗糙度

打开剖面线图层，采用项目 1 任务 8 块操作中创建的带属性的表面粗糙度块进行标注，插入块时缩放比例为 1.2，结果如图 11-31 所示。

6. 编写技术要求及填写标题栏

编写技术要求及填写标题栏的方法与前面介绍的方法相同，标题栏填写内容如图 11-32 所示。

完成图形如图 11-1 所示。

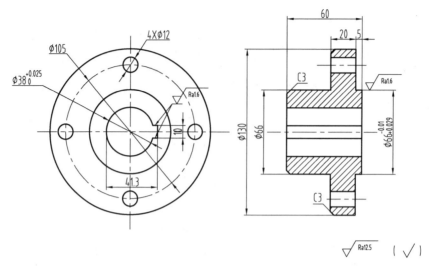

图 11-31 标注表面粗糙度

						Q235			武汉市第二轻工业学校	
标记	处数	分区	更改文件号	签名	年 月 日				JI型轴孔半联轴器	
设计	（签名）	（年月日）	标准化	（签名）	（年月日）	阶段标记	重量	比例		
审核								1:1	（图样代号）	
工艺			批准			共 张 第 张				

图 11-32 标题栏填写完成

7. 保存图形文件

📖 说明：任务9、任务10、任务11分别介绍了多种尺寸标注的方法，学习者可以根据自己学习的情况，灵活采用。

⚡ 任务评价

完成任务后，填写表 11-1。

表 11-1 任务评价表

项目	序号	评价标准	自我评价	教师评价
绘图技能	1	会调用图形样板	□完成 □基本完成 □继续学习	□好 □较好 □一般
	2	会设置文字水平标注样式	□完成 □基本完成 □继续学习	□好 □较好 □一般
	3	会操作带尺寸公差的标注	□完成 □基本完成 □继续学习	□好 □较好 □一般
	4	会合理调整图形布局	□完成 □基本完成 □继续学习	□好 □较好 □一般
	5	会填写标题栏	□完成 □基本完成 □继续学习	□好 □较好 □一般
	6	会录入技术要求	□完成 □基本完成 □继续学习	□好 □较好 □一般
其他项目	1	遵守纪律	□好 □较好 □一般	□好 □较好 □一般
	2	认真听讲和练习绘图操作	□好 □较好 □一般	□好 □较好 □一般
	3	积极参与讨论和交流	□好 □较好 □一般	□好 □较好 □一般
	4	规范开关计算机设备	□好 □较好 □一般	□好 □较好 □一般

任务小结

　　本任务介绍了对象捕捉追踪、带尺寸公差标注样式设置等功能的应用。虽然本任务绘制的零件图较简单，但是用到的命令也不少，通过反复使用常用绘图命令，可进一步提升学习者运用 AutoCAD 软件绘图的能力。

任务拓展

　　★法兰零件，如图 11-33 所示，是高速旋转机械的转子部分。高速旋转机械为保证转动时的平衡，对其组成零件的几何公差要求较高，在法兰零件图中体现在轴头装配贴合端面与基准外圆的垂直度要求很高。

　　★扫二维码观看法兰零件图的绘制视频，根据图 11-34 所示图样，自主独立完成法兰零件图的绘制。

图 11-33　法兰零件实物图

扫一扫观看操作视频：
法兰零件图的绘制

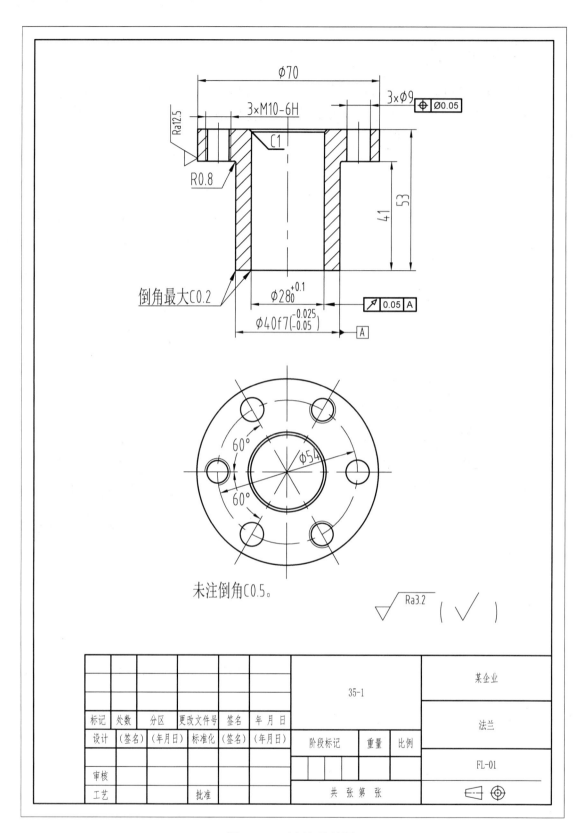

图 11-34　法兰零件图

任务 12　叉架类零件图的绘制

任务目标

根据图 12-1 所示，完成踏脚座零件图的绘制。

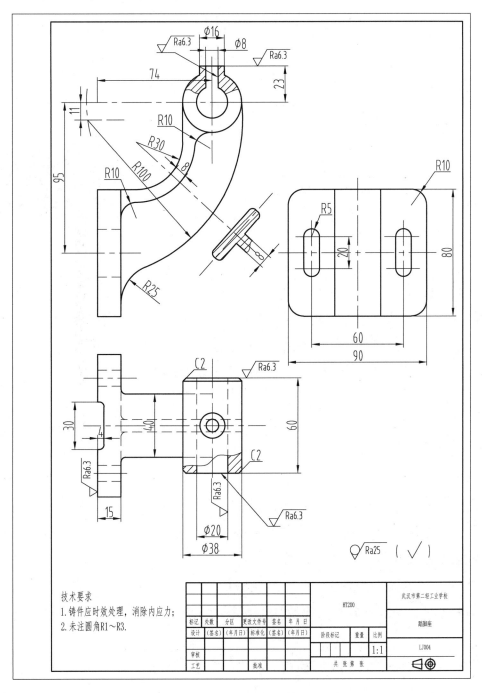

图 12-1　踏脚座零件图

任务要点

踏脚座零件由支承轴的轴孔、用于固定的底板及加强筋和悬臂等组成，通过使用"直线""圆""偏移""移动""修剪""圆角""打断""样条线""图案填充""拉伸""矩形""标注""插入块"等命令完成零件图的绘制。

任务实施

（一）实施流程

绘制流程：调入样板图，绘制主视图、断面图、俯视图、向视图，标注尺寸及尺寸公差，插入表面粗糙度块等，编写技术要求，填写标题栏，如图12-2所示。

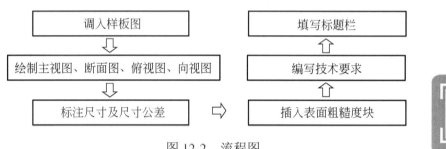

图12-2 流程图

（二）实施步骤

1. 调用样板图

根据零件的结构形状与大小确定表达方法、比例和图幅，调用样板图。

零件图采用主视图、俯视图、向视图、断面图四个视图来表达零件。主视图采用局部剖视图。调用带国标标题栏的竖放样板图A3图幅，比例采用1:1。

2. 设置绘图环境

在状态栏中设置极轴角为45°，激活"正交"功能，设置并激活相关的"对象捕捉""对象捕捉追踪"功能。

3. 绘制视图

（1）绘制主视图

① 设置中心线图层为当前图层，绘制中心线，如图12-3所示。

② 设置粗实线图层为当前图层，绘制主视图中的2个圆及1条垂直线，如图12-4所示。

③ 用"直线""偏移""移动"命令绘制底板，如图12-5所示。

④ 在ϕ38圆左侧绘制1条与其垂直中心线平行的直线→向右拉伸底板上侧线，如图12-6所示。

⑤ 用"圆角"命令绘制R30的圆弧→用"修剪"命令裁剪多余的图线→用"偏移"命令绘制R38的圆弧，如图12-7所示。

⑥ 用"圆角"命令绘制 2 个 *R*10 的圆弧,如图 12-8 所示。

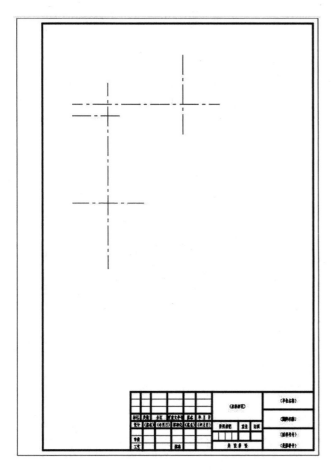

图 12-3 绘制中心线

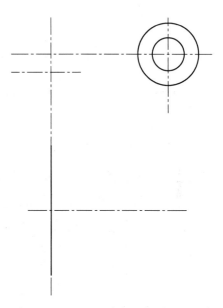

图 12-4 绘制 2 个圆及 1 条垂直线

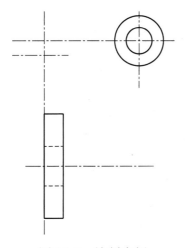

图 12-5 绘制底板

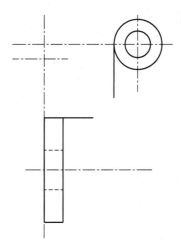

图 12-6 绘制 2 条侧线

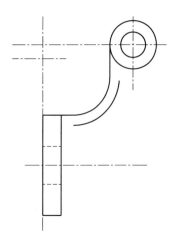

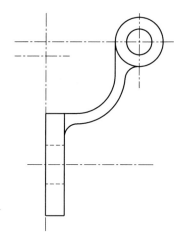

图 12-7　绘制 *R*30、*R*38 的圆弧　　　　图 12-8　绘制 2 个 *R*10 的圆弧

⑦ *R*100 圆的水平中心线与 ϕ38 圆的水平中心线距离为 11，*R*100 圆与 ϕ38 圆内切。

以 ϕ38 圆的圆心为圆心，（100−19）为半径画圆（见图 12-9 中用中心线线型所绘制的圆）；以箭头所指的交点为圆心，画出 *R*100 的圆，如图 12-9 所示。

用"圆角"命令画出底板右侧面与 *R*100 之间的过渡圆弧（*R*25），如图 12-9 所示。

⑧ 用"修剪"命令将多余的图线修剪掉，如图 12-10 所示。

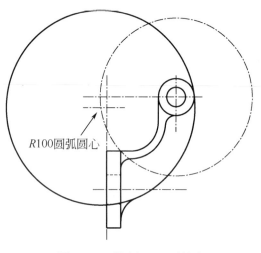

*R*100圆弧圆心

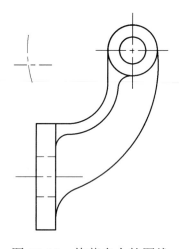

图 12-9　绘制 *R*100 的圆　　　　　　图 12-10　修剪多余的图线

⑨ 画出上部局部剖及筋板（加强筋）移出断面图，如图 12-11 所示。

（2）绘制俯视图

运用"对象捕捉追踪"功能，根据主视图，用"直线""偏移""圆""圆角""修剪"等命令绘制踏脚座的俯视图，如图 12-12 所示。

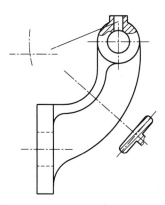

图 12-11　局部剖及筋板移出断面图

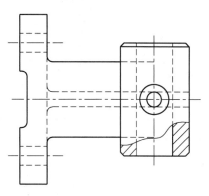

图 12-12　绘制俯视图

（3）绘制 *A* 向视图

① 单击功能区"默认"选项卡"绘制"面板中的"矩形"图标 ⬛，命令行及操作显示如下。

命令：_rectang
指定第一个角点或 ［倒角(**C**)/标高(**E**)/圆角(**F**)/厚度(**T**)/宽度(**W**)］：f　　　（按 Enter 键）
指定矩形的圆角半径<**0.0000**>：10　　　　　　　　　　　　　　　　（按 Enter 键）
指定第一个角点或 ［倒角(**C**)/标高(**E**)/圆角(**F**)/厚度(**T**)/宽度(**W**)］：　　　（单击任意点）
指定另一个角点或 ［面积(**A**)/尺寸(**D**)/旋转(**R**)］：@90，80　（鼠标向右上方移动，按 Enter 键）

② 用"直线"命令绘制中心线，如图 12-13 所示。

③ 用"移动"命令将带圆角的矩形移动到如图 12-14 所示的位置。

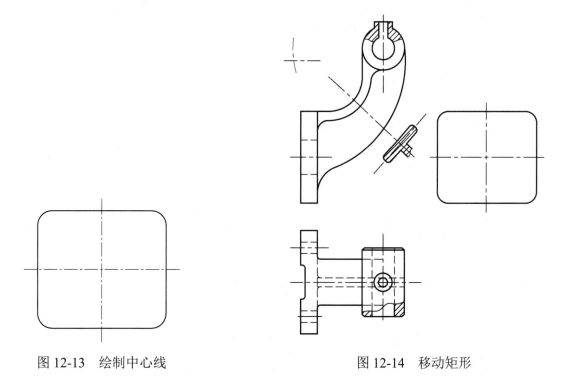

图 12-13　绘制中心线

图 12-14　移动矩形

④ 用"直线""偏移""圆""修剪"等命令绘制出全部视图，项图 12-15 所示。

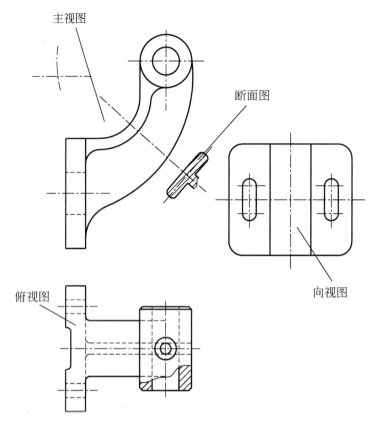

图 12-15　踏脚座的全部视图

4. 标注尺寸及其他技术要求

5. 标注表面粗糙度

6. 编写技术要求及填写标题栏

7. 保存图形文件

最后，完成踏脚座零件图如图 12-1 所示。

 任务评价

完成任务后，填写表 12-1。

表 12-1　任务评价表

项目	序号	评价标准	自我评价	教师评价
绘图技能	1	会调用样板图文件	□完成 □基本完成 □继续学习	□好 □较好 □一般
	2	会操作标准功能	□完成 □基本完成 □继续学习	□好 □较好 □一般
	3	会合理调整图形布局	□完成 □基本完成 □继续学习	□好 □较好 □一般
	4	会填写标题栏	□完成 □基本完成 □继续学习	□好 □较好 □一般
	5	会录入技术要求	□完成 □基本完成 □继续学习	□好 □较好 □一般
其他项目	1	遵守纪律	□好 □较好 □一般	□好 □较好 □一般
	2	认真听讲和练习绘图操作	□好 □较好 □一般	□好 □较好 □一般
	3	积极参与讨论和交流	□好 □较好 □一般	□好 □较好 □一般
	4	规范开关计算机设备	□好 □较好 □一般	□好 □较好 □一般

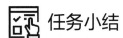

任务小结

本任务介绍了叉架类零件的绘图方法；综合运用了"直线""圆""偏移""移动""修剪""圆角""打断""样条线""图案填充""拉伸""矩形""标注""插入块"等功能进行绘图。

通过本任务的学习，可使学习者掌握叉架类零件的绘制方法及更加熟悉相关功能命令的使用。

任务拓展

★导叶臂，如图 12-16 所示，是大型冲动式水力发电设备的开度调节机构关键传动部分，受力很大，且成组周向布置。为保证整个机构的平面度及受力状态，需要此零件有很高的几何公差要求，在零件图中体现在对导叶臂上下端面与基准孔的垂直度要求及成组销孔间的平行度要求很高。

★扫二维码观看导叶臂零件图的绘制视频，根据图 12-17 所示图样，自主独立完成导叶臂零件图的绘制。

图 12-16　导叶臂零件实体图

扫一扫观看操作视频：
导叶臂零件图的绘制

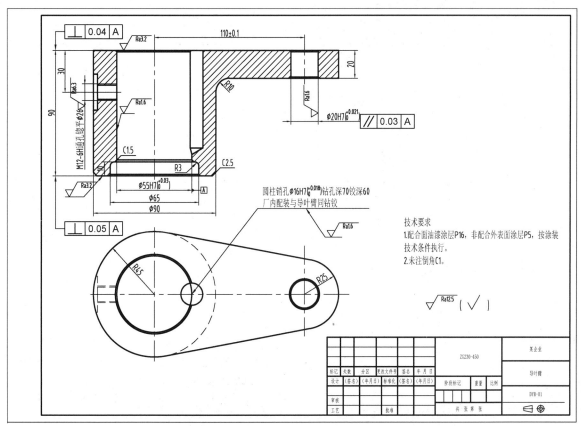

图 12-17　导叶臂零件图

强化训练任务

1. 绘制下列轴零件并绘制图框和标题栏（见图2-1-1）。

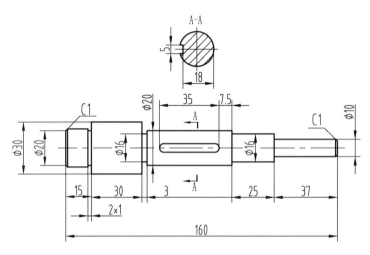

图2-1-1　轴零件图

2. 绘制下列零件图（见图2-1-2~图2-1-4）。

（1）齿轮零件图。

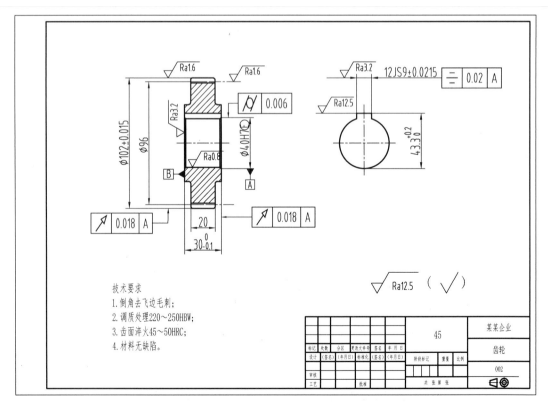

图2-1-2　齿轮零件图

（2）J型轴孔半联轴器零件图。

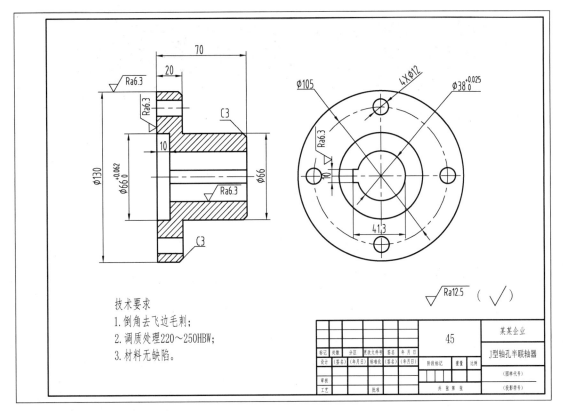

图 2-1-3　J 型轴孔半联轴器零件图

（3）减速器输出轴零件图。

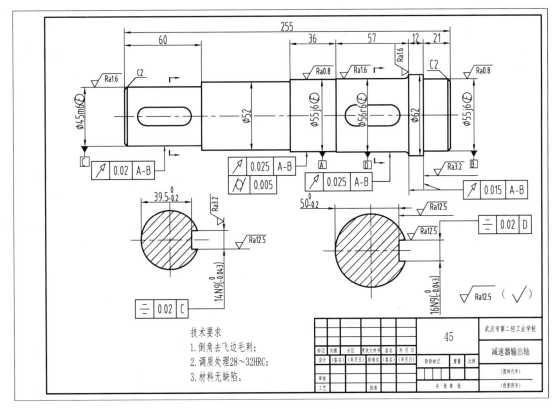

图 2-1-4　减速器输出轴零件图

扫一扫观看：
产教融合-企业典型零件图

项目 ③ 装配图绘制技能实训

一张装配图要表示部件的工作原理、结构特点以及装配连接关系。因此，装配图要有以下内容。

1. 一组视图。

一组视图（包括视图、剖视图、断面图及一些规定画法和特殊表示方法）重点表达部件的功能、工作原理、零件之间的装配关系。

2. 一组尺寸。

一组尺寸用于表达部件性能、装配、安装和体积等。

3. 技术要求。

技术要求表达装配中的一些特殊要求。

4. 零件编号、明细表和标题栏。

零件编号、明细表和标题栏说明零件的编号、名称、材料和数量等情况。

本项目设有 2 个任务，推荐课时为 8 课时，主要内容包括：

● 凸缘联轴器装配图的绘制
● 五环塑料模装配图的绘制

知识及技能目标

1. 掌握装配图绘制的常用方法和步骤。
2. 会设置零件编号、明细表、标题栏。
3. 会操作动态块的创建和插入，会进行零件编号及填写明细栏。
4. 会用"并入文件"方法绘制装配图。
5. 熟悉根据设计思路，绘制模具装配图的方法。

素养目标

1. 通过小组讨论培养获取信息的能力，通过相互协作提高团队意识。
2. 了解奥运精神，用奥运精神来激励自己刻苦学习，努力拼搏，战胜自我，不断前进。

任务 13　凸缘联轴器装配图的绘制

任务目标

根据图 13-1 所示图样，完成凸缘联轴器装配图的绘制。

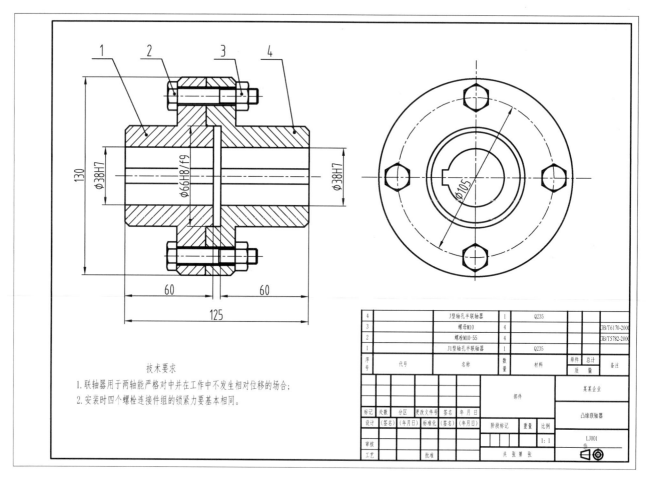

图 13-1　凸缘联轴器装配图

任务要点

为清晰反映凸缘联轴器装配图中主要零件的装配关系，主视图采用全剖视图，可以充分表达凸缘联轴器的工作原理和零件之间的装配关系；左视图采用基本视图，可以表达连接螺栓的数量及其分布位置关系。凸缘联轴器共有 4 种零件，其中 2 种为标准件。通过使用"复制""粘贴""修剪""删除""快速引线""表格""标注""插入块"等命令来完成凸缘联轴器装配图的绘制。

任务实施

（一）实施流程

绘制装配图流程参见图 13-2 所示。

① 以 J1 型轴孔半联轴器、J 型轴孔半联轴器的零件图为实体，保留装配图需要的图形，定义成图块，重新命名存储。

② 根据装配图的尺寸、比例调用样板图。

③ 以 J1 型轴孔半联轴器的左视图（装配图的主视图的一部分），J 型轴孔半联轴器的左视图（装配图的左视图的一部分）为基础，将其他图形用"复制""粘贴"命令插入到装配图中，根据需要再补画一些图线，修剪和删除多余的图线。

④ 创建螺栓动态块、螺母图块，并插入块。修剪和删除多余的图线。

⑤ 标注必要的尺寸。

⑥ 进行零件编号，绘制并填写明细栏，编写技术要求及填写标题栏等。

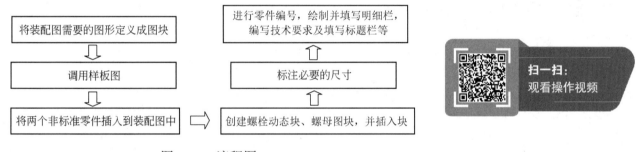

图 13-2　流程图

（二）实施步骤

1. 确定表达方法、比例和图幅

根据部件的工作原理与装配关系确定表达方法、比例和图幅。

凸缘联轴器的视图表达首先应考虑主视图，主视图位置选择凸缘联轴器的工作位置，投射方向选择能表达其工作原理、主要结构特征，以及主装配线上零件的装配关系的方向，并且主视图采用全剖。另一视图为左视图，表达螺栓的分布，如图 13-1 所示。两个视图以 1:1 的比例放置在 A3 图纸上。

2. 调用样板图

调用 H-A3.dwt 样板图（样板图的建立参见项目 1 的任务 5）。

3. 设置绘图环境

在状态栏中，依次激活"对象捕捉"和"对象捕捉追踪"功能。

4. 绘制一组视图

组成凸缘联轴器的零件有 4 种，其中螺栓标准件和螺母无须画零件图，而 J 型轴孔半联轴器的零件图为项目 2 强化训练任务中的练习，J1 型轴孔半联轴器的零件图（见图 11-1）已在本书任务 11 中做了介绍，这里不再赘述。本任务只需将其他零件图上已画好的图形插入装配图即可，这样可以节省绘图的时间。插入图形的方法有以下 3 种。

● 图块插入法：将零件图上的各个图形创建为图块，然后在装配图中插入所需的图块。如在零件图中使用"BLOCK"命令创建的内部图块，可通过"设计中心"引用这些内部图块；或在零件图中使用"WBLOCK"命令创建外部图块，绘制装配图时，可直接使用"INSERT"命令插入当前装配图中。

● 零件图形文件插入法：用户可使用"INSERT"命令将零件的整个图形文件直接插入当前装配图中，也可通过"设计中心"将多个零件图形文件插入当前装配图中。

● 剪贴板插入法：利用 AutoCAD 的"复制"命令（ 图标），将零件图中所需图形复制到剪贴板上，然后使用"粘贴"命令（ 图标），将剪贴板上的图形粘贴到装配图所需的位置上。

编制凸缘联轴器装配图视图，如图 13-1 所示，首先根据装配图的表达方案，使用剪贴板插入法，将各相关零件图的图形（比例都为原值比例 1:1）插入到当前的装配图中，如图 13-3 所示。

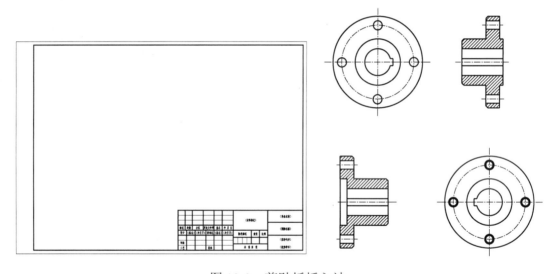

图 13-3　剪贴板插入法

然后按照装配顺序，由左向右依次将图框右侧的零件图形移入图框内，如图 13-4 所示。补画看得见的图线，删除和修剪被遮住的图线。单击功能区"默认"选项卡"修改"面板下拉菜单中的"编辑图案填充"图标 ，弹出"图案填充编辑"对话框→在"角度"文本框中输入 90，修改剖面符号方向，使相邻零件的剖面符号方向相反，如图 13-5 所示。

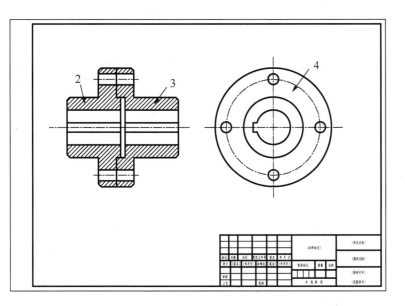
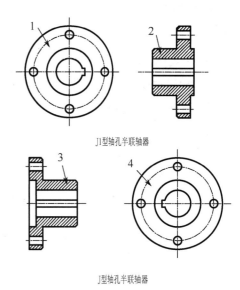

J1型轴孔半联轴器

J型轴孔半联轴器

图 13-4　将零件图形移入图框内

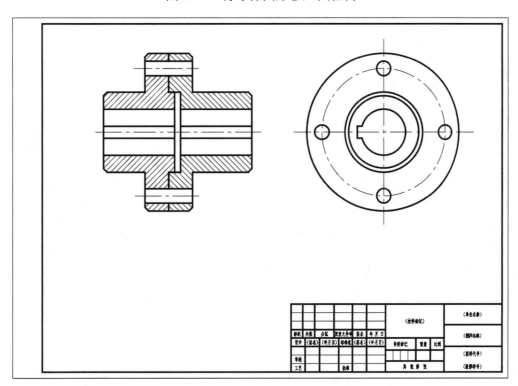

图 13-5　补画、删除和修剪有关图线及修改剖面符号方向

下面用块插入法插入螺栓和螺母。

（1）插入螺栓

由于项目 1 强化训练任务中创建的螺栓图块（简称为螺栓块）公称长度为 40，凸缘联轴器装配图需要的公称长度为 55。故需要用到动态块功能，插入公称长度为 55 的螺栓。

在块编辑器中修改现有块。GB/T 5782—2000 M10×40 螺栓的公称长度系列还有 45、50、55、60、65、70、80、90、100，为其添加动态行为，使插入的螺栓（主视图）块可以根据需要调整其公称长度。

① 启动块编辑器。

单击功能区"默认"选项卡"块"面板中的"编辑"图标，弹出"编辑块定义"对话框，如图 13-6 所示→选择"螺栓 M10-40"选项→单击"确定"按钮，打开块编写区域（包括上方的"块编辑器"选项卡和左侧的"块编写选项板"），如图 13-7 所示。

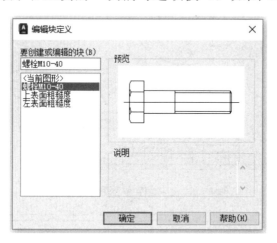

图 13-6　"编辑块定义"对话框

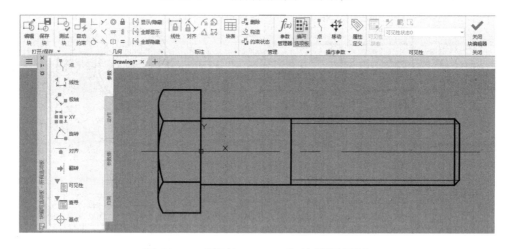

图 13-7　"螺栓 M10-40"块编写区域

② 添加动态行为。

单击"块编写选项板"上"参数"选项卡中的"线性"图标，命令行及操作显示如下。

命令：_BParameter 线性

指定起点或［名称(N)/标签(L)/链(C)/说明(D)/基点(B)/选项板(P)/值集(V)］：v
　　　　　　　　　　　　　　　　　　　　　　　　　　　　　（按 Enter 键）

输入距离值集合的类型［无(N)/列表(L)/增量(I)］〈无〉：L　　　　（按 Enter 键）

输入距离值列表（逗号分隔）：45，50，55，60，65，70，80，90，100　　（按 Enter 键）

指定起点或［名称(N)/标签(L)/链(C)/说明(D)/基点(B)/选项板(P)/值集(V)］：
　　　　　　　　　　　　　　　　　　　　　　　　（捕捉线性参数的起点 A 点）

指定端点：　　　　　　　　　　　　　　　　　　　（捕捉线性参数的端点 B 点）

指定标签位置：　　　　　　　　　　　　　　　　　（单击参数选项卡的位置）

设置参数如图 13-8 所示。

③ 单击"块编写选项板"上"动作"选项卡中的"拉伸动作"图标，命令行及操作显示如下。

```
命令：_BActionTool 拉伸
选择参数：                          （单击上面定义的线性参数）
指定要与动作关联的参数点或输入［起点(T)/第二点(S)］〈起点〉：
                                    （捕捉要与动作关联的参数点 B 点）
指定拉伸框架的第一个角点或［圈交(CP)］：     （单击拉伸框架的第一个角点）
指定对角点：                        （单击拉伸框架的对角点）
指定要拉伸的对象      （选择拉伸框架窗口包围的或相交的所有对象，如图 13-9 所示）
选择对象：找到 1 个
选择对象：找到 1 个，总计 2 个
选择对象：找到 1 个，总计 3 个
…………
选择对象：找到 1 个，总计 10 个
选择对象：                          （按 Enter 键）
```

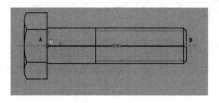
图 13-8　设置参数

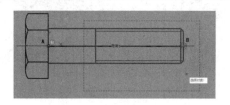
图 13-9　拉伸框架窗口

结果如图 13-10 所示。

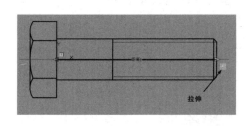
图 13-10　添加第 1 个拉伸动作

④ 单击"块编写选项板"上"动作"选项卡中的"拉伸动作"图标，命令行及操作显示如下。

```
命令：_BActionTool 拉伸
选择参数：                          （选择上面定义的线性参数）
指定要与动作关联的参数点或输入［起点(T)/第二点(S)］〈起点〉：
                                    （捕捉要与动作关联的参数点 A 点）
指定拉伸框架的第一个角点或［圈交(CP)］：     （单击拉伸框架的第一个角点）
指定对角点：                        （单击拉伸框架的对角点）
指定要拉伸的对象      （选择如图 13-11 所示拉伸框架窗口包围的或相交的所有对象）
```

选择对象：找到1个
选择对象：找到1个，总计2个
选择对象：找到1个，总计3个
选择对象：找到1个，总计4个
……
选择对象：指定对角点：找到1个，总计11个
选择对象：指定对角点：找到1个，总计12个
选择对象：找到1个，总计13个
选择对象： （按Enter键）

结果如图13-12所示。

⑤ 保存块定义。

单击"块编辑器"选项卡"打开/保存"面板中的"保存块"图标 ，保存螺栓M10-40的块定义。单击"关闭块编辑器"按钮。

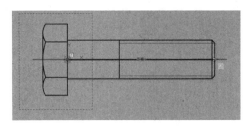

图13-11 拉伸框架窗口

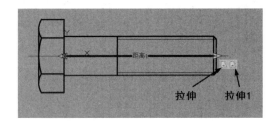

图13-12 添加第2个拉伸动作

⑥ 插入"螺栓M10-40"的块。

单击功能区"默认"选项卡"块"面板中的"插入"下拉菜单按钮 插入 →选择"库中的块…"选项→弹出"块"对话框，选择"当前图形"选项卡→选择"螺栓M10-40"块，如图13-13所示→捕捉如图13-14所示块插入的位置。

图13-13 "块"对话框

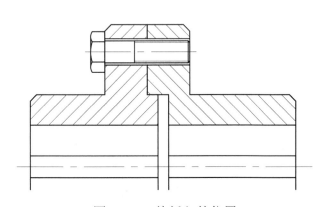

图13-14 块插入的位置

使用螺栓上的自定义夹点来拉伸螺栓，单击螺栓使其被选中→单击右侧三角形使其变红后向右拉伸至第三根短线位置，如图 13-15 所示。（第一根短线位置：公称长度为 45；第二根短线位置：公称长度为 50；第三根短线位置：公称长度为 55。）

拉伸结果如图 13-16 所示。

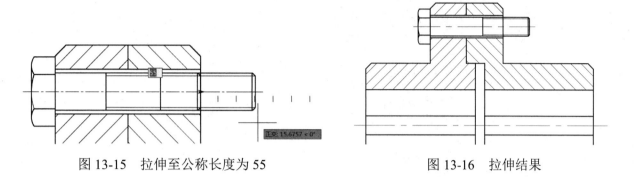

图 13-15　拉伸至公称长度为 55　　　　图 13-16　拉伸结果

（2）插入螺母

插入"螺母 M10"的块，将螺母旋转 180°，再将螺母移动到如图 13-17 所示位置，删除和修剪被遮住的图线，如图 13-18 所示。

将上方的螺栓连接直接复制到下方，再删除和修剪被遮住的图线，如图 13-19 所示。

插入"螺栓 M10-左"的块，补画看得见的图线，删除和修剪被遮住的图线，如图 13-20 所示。

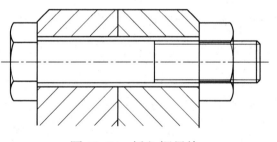 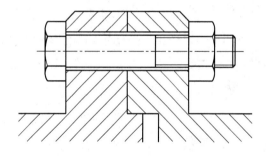

图 13-17　插入螺母块　　　　图 13-18　修剪被遮住的图线

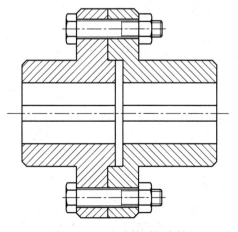 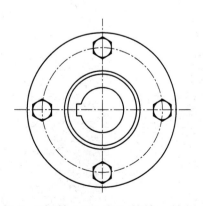

图 13-19　复制螺栓连接　　　　图 13-20　插入"螺栓 M10-左"的块，补画、修剪图线

5. 标注必要的尺寸

尺寸的标注方法已在项目2中详细介绍，这里不再赘述，标注尺寸如图13-21所示。

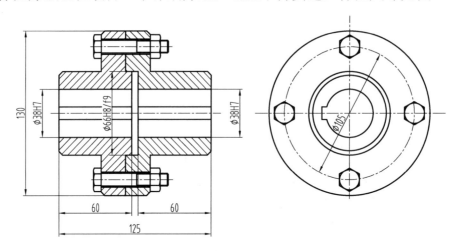

图13-21　标注必要的尺寸

6. 编写技术要求

使用"多行文字"命令来编写技术要求。

7. 标注零件编号、填写明细栏和标题栏

（1）标注零件编号

零件编号的常见标注形式是在所指的零部件的可见轮廓线内画一圆点，然后从圆点开始画细实线的指引线，在指引线的端点画一细实线的水平线或圆，在水平线上或圆内注写序号，也可以不画水平线或圆而直接在指引线的端点附近注写序号，序号字号应比尺寸数字大一号或两号；对很薄的零件或涂黑的涂面，应用箭头代替指引线起点的圆点，箭头应指向所标部分的轮廓。

① 设置引线样式。

单击功能区"注释"选项卡"引线"面板按钮 ↘ →选择"多重引线样式管理器"选项，如图13-22所示→弹出"多重引线样式管理器"对话框，如图13-23所示→单击"新建"按钮，弹出"创建新多重引线样式"对话框，如图13-24所示→在"新样式名"文本框中输入y1→单击"继续"按钮，弹出"修改多重引线样式：y1"对话框，如图13-25所示。

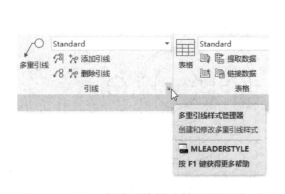

图13-22　"多重引线样式管理器"选项

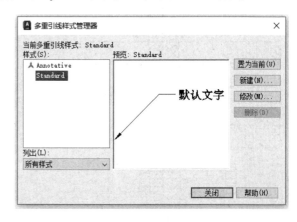

图13-23　"多重引线样式管理器"对话框

● "引线格式"选项卡："箭头"选区中，"符号"选择"点"，"大小"数值框中输入 2；"打断大小"数值框中输入 0.5，如图 13-25 所示。

图 13-24　"创建新多重引线样式"对话框　　　图 13-25　"引线格式"选项卡的设置

● "引线结构"选项卡："设置基线距离"数值框中输入 10，其他采用默认值，如图 13-26 所示。

● "内容"选项卡："文字样式"选择"文字"；"连接位置 – 左"选择"最后一行加下画线"；"连接位置 – 右"选择"最后一行加下画线"，其他选项采用默认值，如图 13-27 所示。

图 13-26　"引线结构"选项卡的设置　　　图 13-27　"内容"选项卡的设置

单击"确定"按钮，返回"多重引线样式管理器"对话框，在"样式"列表框中选择"y1"选项→单击"置为当前"按钮→单击"关闭"按钮。

② 绘制引线及标注序号。

单击功能区"注释"选项卡"引线"面板中的"多重引线"图标 ，命令行及操作显示如下。

命令：_mleader
指定引线箭头的位置或［引线基线优先(L)/内容优先(C)/选项(O)］〈选项〉：

（在左边的一个零件内单击）

| 指定引线基线的位置： | （鼠标向左上方移动至合适的位置单击） |

弹出"文字编辑器"选项卡，将文字高度设置为6，输入1，单击"关闭文字编辑器"按钮 ，如图 13-28 所示。

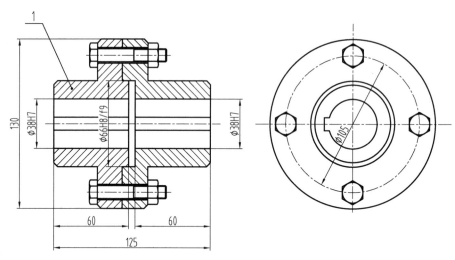

图 13-28　标注序号 1

用同样的方法，完成其他序号的标注，如图 13-29 所示。

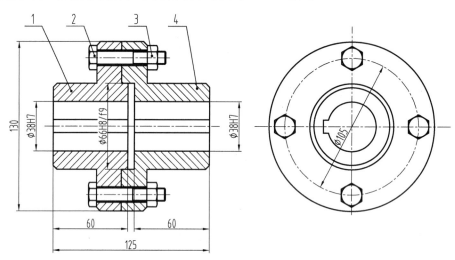

图 13-29　其他序号标注

（2）填写明细栏

使用"表格"命令完成参数表的创建和填写，具体方法如下。

① 单击功能区"默认"选项卡"注释"面板中的"表格"图标▦→弹出"插入表格"对话框，如图 13-30 所示→单击"启动'表格样式'对话框"图标▦→弹出"表格样式"对话框，单击"新建"按钮，弹出"创建新的表格样式"对话框→在"新样式名"文本框中输入"明细栏"，如图 13-31 所示→单击"继续"按钮，弹出"新建表格样式：明细栏"对话框。

② 在"单元样式"下拉列表中选择"数据"选项：其"常规"选项卡和"文字"选项卡的设置分别如图 13-32 和图 13-33 所示。

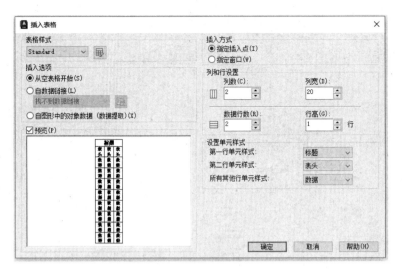

图 13-30   "插入表格"对话框   图 13-31   "创建新的表格样式"
                                              对话框

图 13-32   "数据"选项中"常规"选项卡的设置   图 13-33   "数据"选项中"文字"选项卡的设置

③ 在"单元样式"下拉列表中选择"表头"选项：其"常规"选项卡和"文字"选项卡的设置分别如图 13-34 和图 13-35 所示。

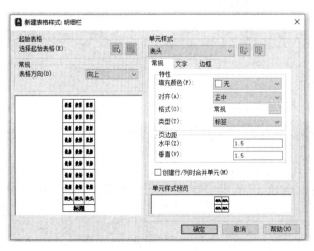

图 13-34   "表头"选项中"常规"选项卡的设置   图 13-35   "表头"选项中"文字"选项卡的设置

④ 在"单元样式"下拉列表中选择"标题"选项：其"常规"选项卡和"文字"选项卡的设置分别如图 13-36 和图 13-37 所示→单击"确定"按钮，退出"新建表格样式：明细栏"对话框。

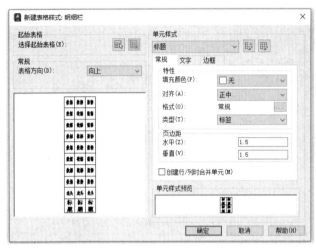 

图 13-36　"标题"选项中"常规"选项卡的设置　　图 13-37　"标题"选项中"文字"选项卡的设置

⑤ 在"表格样式"对话框的"样式"列表框中选择"明细栏"选项→单击"置为当前"按钮，将"明细栏"表格样式置为当前表格样式，如图 13-38 所示。

⑥ 单击"关闭"按钮，退出"表格样式"对话框。

⑦ 在"插入表格"对话框中进行设置，如图 13-39 所示。

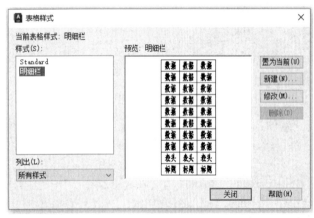 

图 13-38　"表格样式"对话框　　　　　　　　图 13-39　"插入表格"对话框

⑧ 单击"确定"按钮，退出"插入表格"对话框→将明细栏插入标题栏的左上角→并在列标题单元格中输入相应的名称→单击"关闭文字编辑器"按钮 ✓ 结束命令，结果如图 13-40 所示。

⑨ 单击"备注"单元格右上方的列夹点→鼠标向右水平移动，如图 13-41 所示→从键盘上输入 100→回车。

⑩单击"总计"单元格左上方的列夹点→鼠标向右水平移动→输入 90→回车。

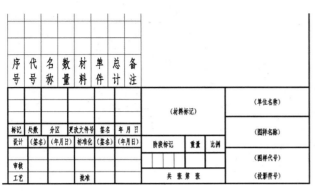

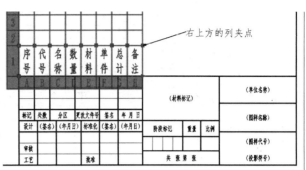

图 13-40　初始明细栏表格　　　　　　图 13-41　利用列夹点修改"代号"列的宽度

⑪ 单击"单件"单元格左上方的列夹点→鼠标向右水平移动→输入 88→回车。

⑫ 单击"材料"单元格左上方的列夹点→鼠标向右水平移动→输入 88→回车。

⑬ 单击"数量"单元格左上方的列夹点→鼠标向右水平移动→输入 60→回车。

⑭ 单击"名称"单元格左上方的列夹点→鼠标向右水平移动→输入 62→回车。

⑮ 单击"代号"单元格左上方的列夹点→鼠标向右水平移动→输入 28→回车。

⑯ 单击"序号"单元格左上方的列夹点→鼠标向左水平移动→输入 2→回车。

各个列的宽度修改完成，如图 13-42 所示。

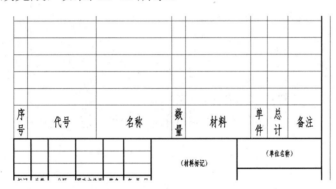

图 13-42　修改完成各个列的宽度

⑰ 单击选中明细栏→单击标题 1 直接选中第一行，如图 13-43 所示，右击→选择"特性"选项，在"特性"选项卡的"文字高度"文本框中输入 3，在"单元高度"文本框中输入 14，如图 13-44 所示→回车以确定修改内容。

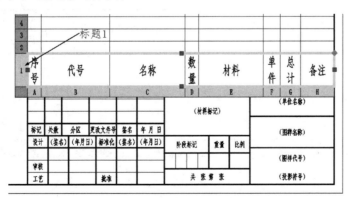

图 13-43　选中第一行

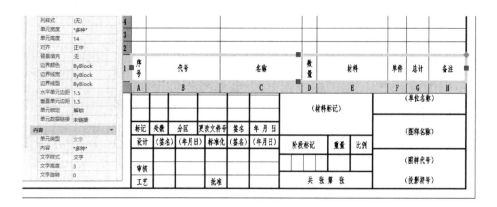

图 13-44　设置列标题行高、字体

单击选中明细栏→单击标题 2，按住 Shift 键，再单击标题 7，直接选中第 2～7 行，右击→选择"特性"选项，在"特性"选项卡的"文字高度"文本框中输入 3，在"单元高度"文本框中输入 7，如图 13-45 所示→回车以确定修改内容。

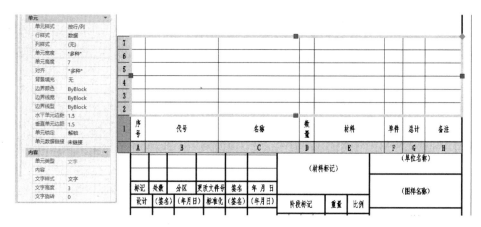

图 13-45　修改明细栏行高

⑱ 单击第 6 行所在行的某单元格→按住 Shift 键并在另一单元格内单击，选择这一行中所有的单元格→右击弹出快捷菜单，选择其中的"删除行"选项，完成的表格如图 13-46 所示。

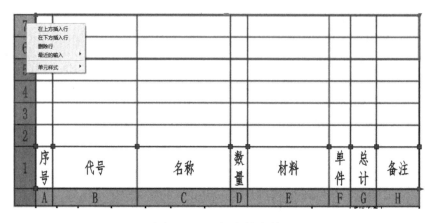

图 13-46　完成的表格

⑲ 单击功能区"默认"选项卡"修改"面板中的"分解"图标 ，打散明细栏，完成

明细栏的绘制并将部分图线改为粗实线，结果如图 13-47 所示。

序号	代号	名称	数量	材料	单件 质量	总计	备注

图 13-47　完整的明细栏

⑳ 使用"多行文字"命令，填写明细栏，字体高度为3，如图 13-48 所示。

4		J 型轴孔半联轴器	1	Q235			
3		螺母M10	4				GB/T6170-2000
2		螺栓M10-55	4				GB/T5782-2000
1		J1型轴孔半联轴器	1	Q235			
序号	代号	名称	数量	材料	单件 质量	总计	备注

图 13-48　完成的明细栏

（3）填写标题栏

可使用"编辑多行文字"命令来填写标题栏，材料和零件名称等字高为 5，设计人员签名及日期等字高为3，其填写方法参见任务 10，填写结果如图 13-49 所示。

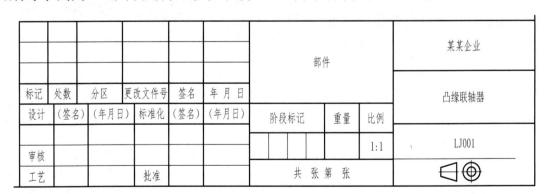

图 13-49　完成的标题栏

8. 保存图形文件

完整的装配图如图 13-1 所示。

任务评价

完成任务后，填写表 13-1。

表 13-1　任务评价表

项目	序号	评价标准	自我评价	教师评价
绘图技能	1	会调用图形样板	□完成 □基本完成 □继续学习	□好 □较好 □一般
	2	会插入零件图形	□完成 □基本完成 □继续学习	□好 □较好 □一般
	3	会标注零件编号	□完成 □基本完成 □继续学习	□好 □较好 □一般
	4	会绘制明细栏	□完成 □基本完成 □继续学习	□好 □较好 □一般
	5	会填写标题栏及标题栏	□完成 □基本完成 □继续学习	□好 □较好 □一般
	6	会操作动态块功能	□完成 □基本完成 □继续学习	□好 □较好 □一般
其他项目	1	遵守纪律	□好 □较好 □一般	□好 □较好 □一般
	2	认真听讲和练习绘图操作	□好 □较好 □一般	□好 □较好 □一般
	3	积极参与讨论和交流	□好 □较好 □一般	□好 □较好 □一般
	4	规范开关计算机设备	□好 □较好 □一般	□好 □较好 □一般

 任务小结

本任务介绍了采用"并入文件"的方法绘制装配图，零件编号的设置、标注，明细栏的绘制及填写等，穿插了讲解动态块的创建及插入。

通过本任务的实训，可使学习者掌握绘制装配图的方法和步骤。

任务拓展

★扫二维码学习"奥运五环及奥运精神"。

★分小组讨论五环的含义、五个不同颜色的圆环代表了什么及奥运精神。

★分小组协作完成绘制标准的"奥运五环"图形。

扫一扫：
奥运五环及奥运精神

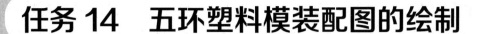

任务 14　五环塑料模装配图的绘制

任务目标

根据图 14-1（a）所示图样，完成五环塑料模装配图的绘制。图 14-1（b）为五环塑料模实体图及制件图。

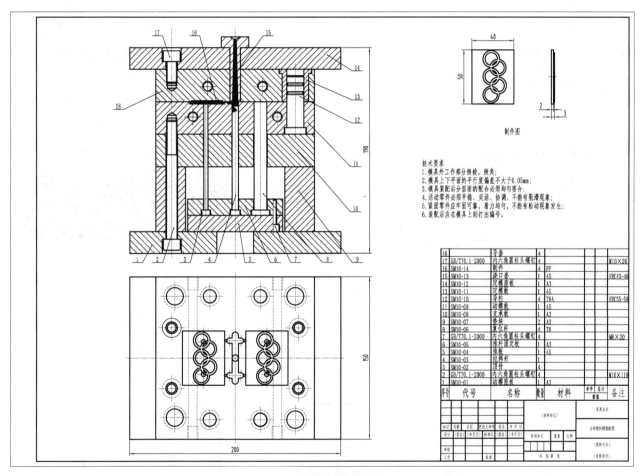

（a）五环塑料模装配图

（b）五环塑料模实体图及制件图

图 14-1　五环塑料模装配图、实体图及制件图

任务要点

五环塑料模是典型的单分型面塑料模具，结合装配图和实物图分析装配连接关系简单明了。主视图用全剖视图表达模具工作原理和零件之间的装配关系，俯视图用以表达动模俯视外观、动模板的导柱、复位杆、推杆、螺钉孔的分布。装配图主要由两个基本视图和产品制件图组成。

任务实施

（一）实施流程

绘制方法：首先调入样板图，其次，根据设计思路，绘制模具装配图，再以装配图为依据，从定模板的主视图开始绘图，画出模具上的各个零件，最后标注尺寸及几何公差、表面粗糙度，编写技术要求，进行零件编号，填写明细栏、标题栏。绘图流程如图14-2所示。

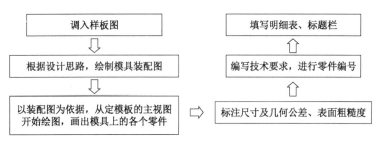

图14-2 流程图

（二）实施步骤

1. 绘制五环制件图

使用"矩形""直线""圆""偏移""镜像""修剪"等命令绘制产品图，如图14-3所示。

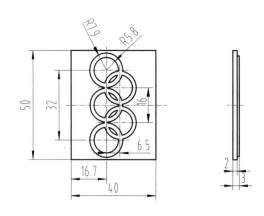

图14-3 五环制件图

2. 绘制定模板主视图

根据制件图绘制定模板的主视图。使用"矩形""直线""偏移""圆角""镜像""修剪"等命令绘制出定模板主视图，如图14-4所示。

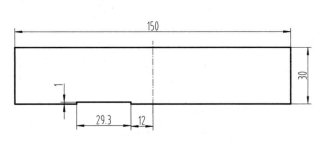

图 14-4　绘制定模板主视图

3．绘制动模板

根据图 14-3 和图 14-4 绘制动模板。在"对象捕捉""对象捕捉追踪"功能激活的状态下，使用"矩形""直线""偏移""圆角""镜像""修剪"等命令绘制动模板，如图 14-5 所示。

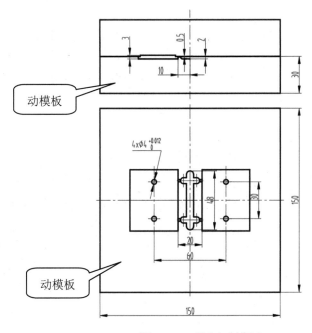

图 14-5　绘制动模板

4．绘制定模座板主视图

使用"直线"等命令绘制定模座板主视图，如图 14-6 所示。

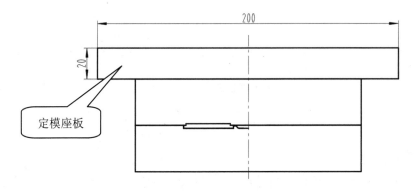

图 14-6　绘制定模座板主视图

5．绘制主流道衬套主视图

使用"直线""修剪""图案填充"等命令绘制主流道衬套主视图，如图14-7所示。

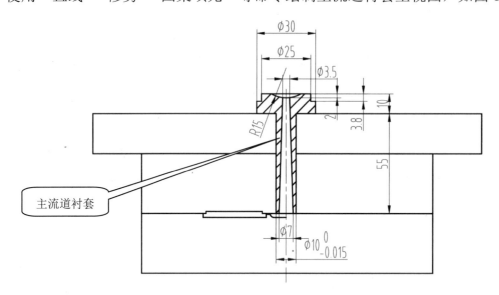

图14-7　绘制主流道衬套主视图

6．绘制定模板和定模座板连接螺钉孔和沉头孔

（1）绘制螺钉孔和沉头孔

使用"直线""偏移""修剪"等命令绘制螺钉孔和沉头孔，如图14-8所示。

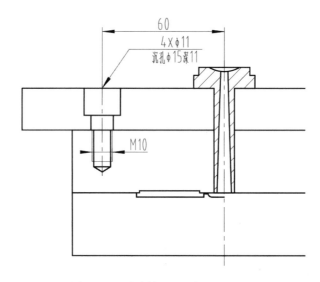

图14-8　绘制螺钉孔与沉头孔

（2）插入螺钉（M10×20—GB/T 70.1—2000）

插入螺钉，结果如图14-9所示。

采用插入动态块的方法插入螺钉，螺钉尺寸参见附录B。

7．绘制支承板主视图

使用"直线"等命令绘制支承板主视图，如图14-10所示。

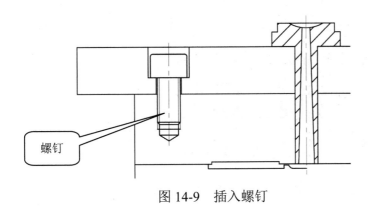

图 14-9　插入螺钉

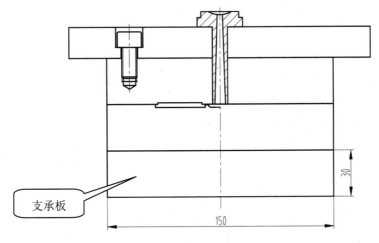

图 14-10　绘制支承板主视图

8. 绘制垫块

使用"直线"等命令绘制垫块，如图 14-11 所示。

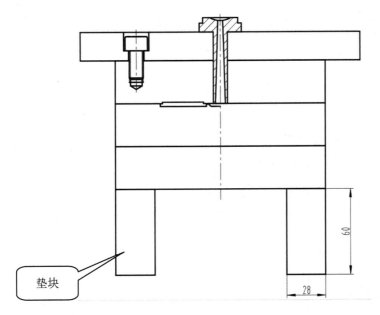

图 14-11　绘制垫块

9. 绘制动模座板

使用"直线"等命令绘制动模座板，如图14-12所示。

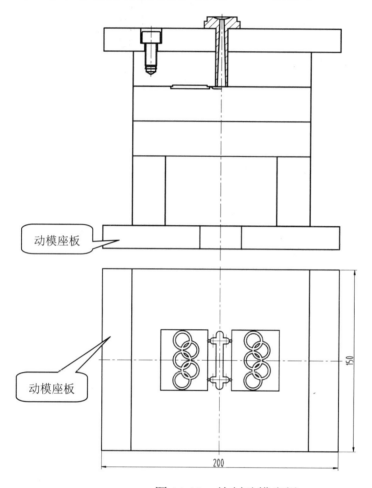

图14-12　绘制动模座板

10. 绘制推板

使用"直线"等命令绘制推板，如图14-13所示。

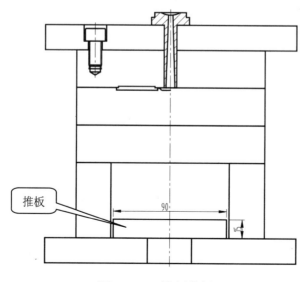

图14-13　绘制推板

11. 绘制推杆固定板主视图

使用"直线"等命令绘制推杆固定板主视图，如图 14-14 所示。

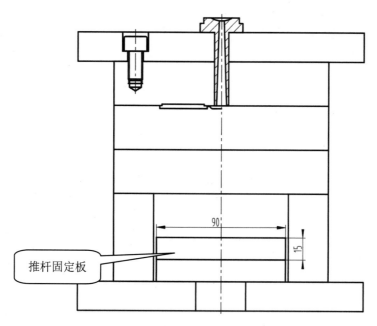

图 14-14　绘制推杆固定板主视图

12. 绘制推杆主视图

使用"直线""修剪"等命令绘制推杆主视图，如图 14-15 所示。

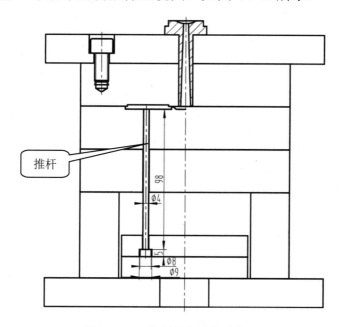

图 14-15　绘制推杆主视图

13. 绘制拉料杆主视图

使用"直线""修剪"等命令绘制拉料杆主视图，如图 14-16 所示。

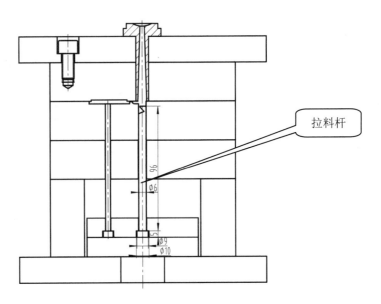

图 14-16　绘制拉料杆主视图

14．绘制复位杆

使用"直线""修剪"等命令绘制复位杆主视图与俯视图，如图 14-17 和图 14-18 所示。

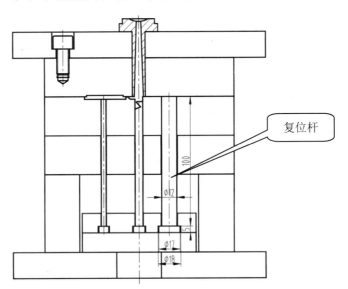

图 14-17　绘制复位杆主视图

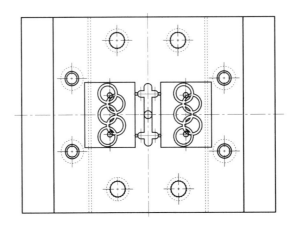

图 14-18　绘制复位杆俯视图

15. 绘制导套主视图

使用"直线""修剪""圆角"等命令绘制导套主视图，如图 14-19 所示。

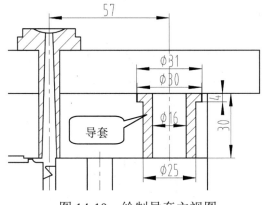

图 14-19 绘制导套主视图

16. 绘制导柱

使用"直线""圆""修剪""圆角"等命令绘制导柱主视图与俯视图，如图 14-20 和图 14-21 所示。

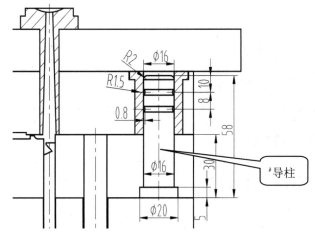

图 14-20 绘制导柱主视图

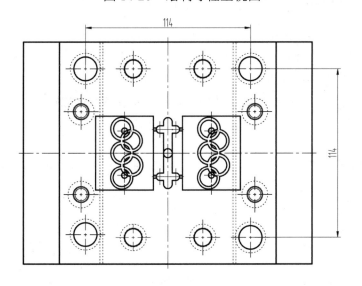

图 14-21 绘制导柱俯视图

17. 绘制动模板和动模座板的连接螺钉

单击"偏移""修剪""插入块"等命令绘制动模板和动模座板的连接螺钉，螺钉尺寸参见附录B，结果如图14-22所示。

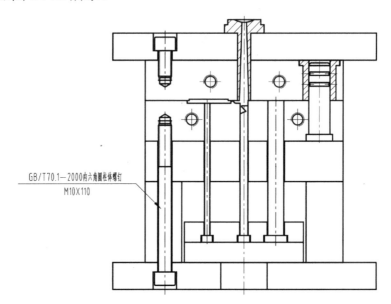

图14-22　绘制动模板和动模座板的连接螺钉

18. 绘制推板和推杆固定板的连接螺钉

使用"偏移""修剪""插入块"等命令绘制推板和推杆固定板的连接螺钉，螺钉尺寸参见附录B，结果如图14-23所示。

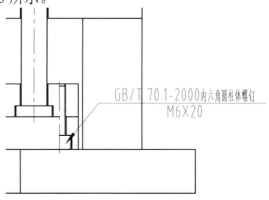

图14-23　绘制推板和推杆固定板的连接螺钉

19. 绘制冷却水孔

使用"直线""修剪"等命令绘制冷却水孔主视图与俯视图，如图14-24和图14-25所示。

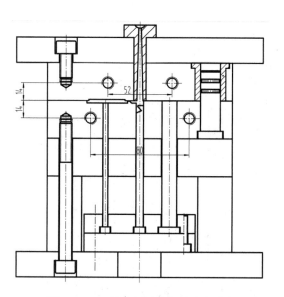

图 14-24 绘制冷却水孔主视图

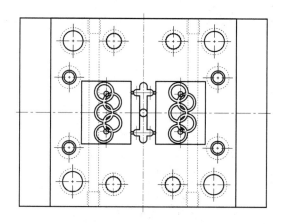

图 14-25 绘制冷却水孔俯视图

20. 绘制各个零件的剖面线

使用"图案填充"命令完成各个零件的剖面线，如图 14-26 所示。

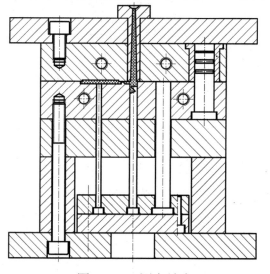

图 14-26 图案填充

21. 标注尺寸

标注尺寸，如图 14-27 所示。

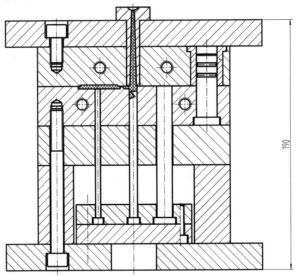

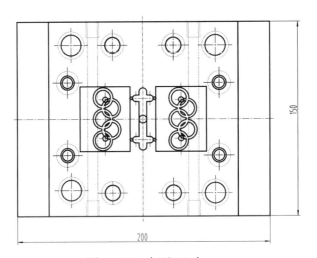

图 14-27　标注尺寸

22. 插入引线及零件编号

使用"多重引线"等命令完成引线的插入，如图 14-28 所示。

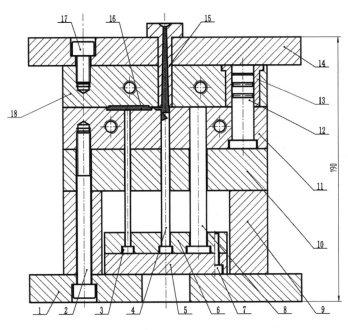

图 14-28　插入引线

23. 填写明细栏

使用"表格""多行文字"等命令完成明细栏的插入与填写，如图 14-29 所示。

18		导套	4			
17	GB/T70.1-2000	内六角圆柱头螺钉	4			M10×20
16	SM10-14	制件	4	PP		
15	SM10-13	浇口套	1	45		HRC43-48
14	SM10-12	定模座板	1	A3		
13	SM10-11	定模板	1	45		
12	SM10-10	导柱	4	T8A		HRC55-58
11	SM10-09	动模板	1	45		
10	SM10-08	支承板	1	A3		
9	SM10-07	垫块	2	A3		
8	SM10-06	复位杆	4	T8		
7	GB/T70.1-2000	内六角圆柱头螺钉	4			M6×20
6	SM10-05	推杆固定板	1	A3		
5	SM10-04	推板	1	45		
4	SM10-03	拉料杆	1			
3	SM10-02	顶针	4			
2	GB/T70.1-2000	内六角圆柱头螺钉	4			M10×110
1	SM10-01	动模座板	1	A3		
序号	代号	名称	数量	材料	单件　总计 重量	备注

图 14-29　插入、填写明细栏

24. 编写技术要求

使用"多行文字"命令编写技术要求，如图 14-30 所示。

技术要求
1.模具外工作部分倒棱，倒角；
2.模具上下平面的平行度偏差不大于0.05mm；
3.模具装配后分型面的配合必须均匀密合；
4.活动零件必须平稳、灵活、协调、不能有阻滞现象；
5.紧固零件应牢固可靠，着力均匀，不能有松动现象发生；
6.装配后应在模具上刻打出编号。

图 14-30　技术要求

25. 填写标题栏

使用"多行文字"等命令填写标题栏，如图 14-31 所示。

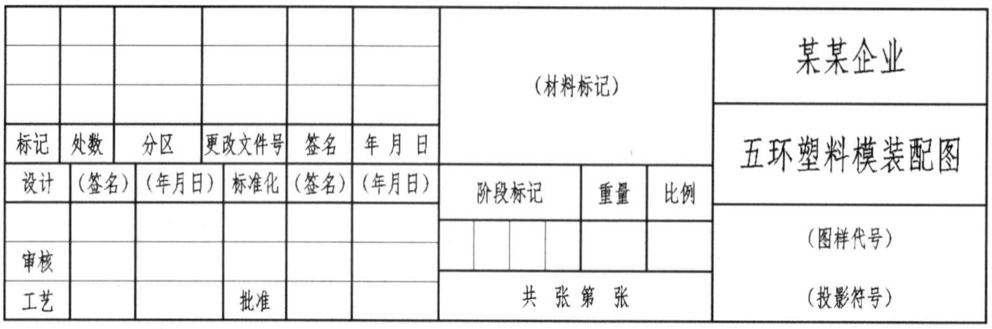

						（材料标记）			某某企业
标记	处数	分区	更改文件号	签名	年 月 日				五环塑料模装配图
设计	（签名）	（年月日）	标准化	（签名）	（年月日）	阶段标记	重量	比例	
审核									（图样代号）
工艺			批准			共 张 第 张			（投影符号）

图 14-31　填写标题栏

完成整个图形绘制，如图 14-1 所示。

26. 保存文件

任务评价

完成任务后，填写表 14-1。

表 14-1　任务评价表

项目	序号	评价标准	自我评价	教师评价
绘图技能	1	会调用图形样板	□完成 □基本完成 □继续学习	□好 □较好 □一般
	2	会采用动态块插入标准零件	□完成 □基本完成 □继续学习	□好 □较好 □一般
	3	会操作引线功能标注零件编号	□完成 □基本完成 □继续学习	□好 □较好 □一般
	4	会操作明细栏功能	□完成 □基本完成 □继续学习	□好 □较好 □一般
	5	会填写明细栏及标题栏	□完成 □基本完成 □继续学习	□好 □较好 □一般
其他项目	1	遵守纪律	□好 □较好 □一般	□好 □较好 □一般
	2	认真听讲和练习绘图操作	□好 □较好 □一般	□好 □较好 □一般
	3	积极参与讨论和交流	□好 □较好 □一般	□好 □较好 □一般
	4	规范开关计算机设备	□好 □较好 □一般	□好 □较好 □一般

任务小结

通过本任务的学习，可使学习者更加熟悉装配图绘制的方法和步骤；掌握设计思路，绘制模具装配图以及几何公差的标注、设置及标注零件编号、填写明细栏、标题栏及编写技术要求等。

任务拓展

★扫二维码观看二级双联齿轮塑料模具介绍、3D 图转 2D 图及对 2D 图的处理方法、装配图的绘制视频，参考图 14-32～图 14-35 所示，了解绘制复杂装配图的方法。

★3D 图转 2D 图及对 2D 图的处理方法操作视频中，采用了哪些"快捷键"进行绘图？提高绘图效率的方法有哪些？

扫一扫观看视频：二级双联齿轮塑料模具介绍

扫一扫观看视频：3D 图转2D 图及对2D 图的处理方法

扫一扫观看视频：装配图的绘制

扫一扫观看：二级双联齿轮塑料模具装配图、制件图和零件图

图 14-32　二级双联齿轮实物图

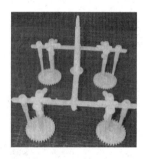

图 14-33　浇注系统及制件图

图 14-34　二级双联齿轮塑料模具实物图

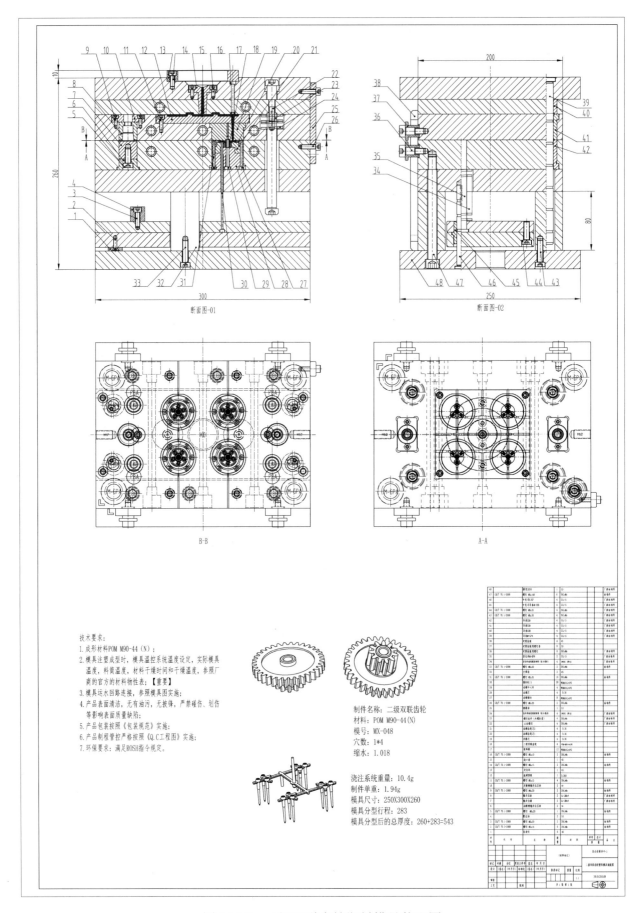

图 14-35　二级双联齿轮塑料模具装配图

强化训练任务

根据给出的零件图（部分零件参见附录C）和制件图，绘制如图所示的装配图。

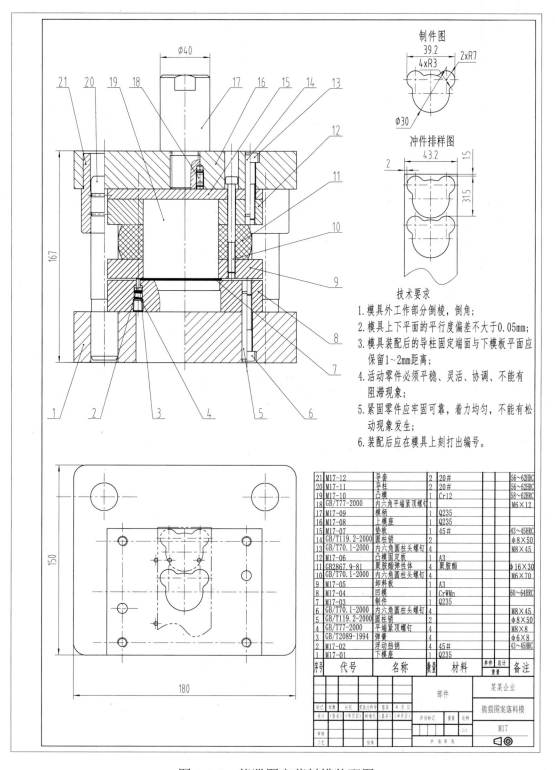

制件图

冲件排样图

技术要求

1. 模具外工作部分倒棱，倒角；
2. 模具上下平面的平行度偏差不大于0.05mm；
3. 模具装配后的导柱固定端面与下模板平面应保留1~2mm距离；
4. 活动零件必须平稳、灵活、协调、不能有阻滞现象；
5. 紧固零件应牢固可靠，着力均匀，不能有松动现象发生；
6. 装配后应在模具上刻打出编号。

序号	代号	名称	数量	材料	单件/总计 重量	备注
21	M17-12	导套	2	20#		56~62HRC
20	M17-11	导柱	2	20#		56~62HRC
19	M17-10	凸模	1	Cr12		58~62HRC
18	GB/T77-2000	内六角平端紧顶螺钉	2			M6×12
17	M17-09	模柄	1	Q235		
16	M17-08	上模座	1	Q235		
15	M17-07	垫板	1	45#		43~45HRC
14	GB/T119.2-2000	圆柱销	2			φ8×50
13	GB/T70.1-2000	内六角圆柱头螺钉	4			M8×45
12	M17-06	凸模固定板	1	A3		
11	GB2867.9-81	聚氨酯弹性体	4	聚胶酯		φ16×30
10	GB/T70.1-2000	内六角圆柱头螺钉	4			M6×70
9	M17-05	卸料板	1	A3		
8	M17-04	凹模	1	CrWMn		60~64HRC
7	M17-03	制件	1	Q235		
6	GB/T70.1-2000	内六角圆柱头螺钉	4			M8×45
5	GB/T119.2-2000	圆柱销	2			φ8×50
4	GB/T77-2000	平端紧顶螺钉	4			M8×8
3	GB/T2089-1994	弹簧	4			φ6×8
2	M17-02	浮动挡销	4	45#		43~45HRC
1	M17-01	下模座	1	Q235		

某某企业

部件

熊猫图案落料模

标记	处数	分区	更改文件号	签名	年月日			
设计	（签名）	（年月日）	标准化	（签名）	（年月日）	阶段标记	重量	比例
								1:1
审核								M17
工艺			批准			共 张 第 张		

图 3-1-1　熊猫图案落料模装配图

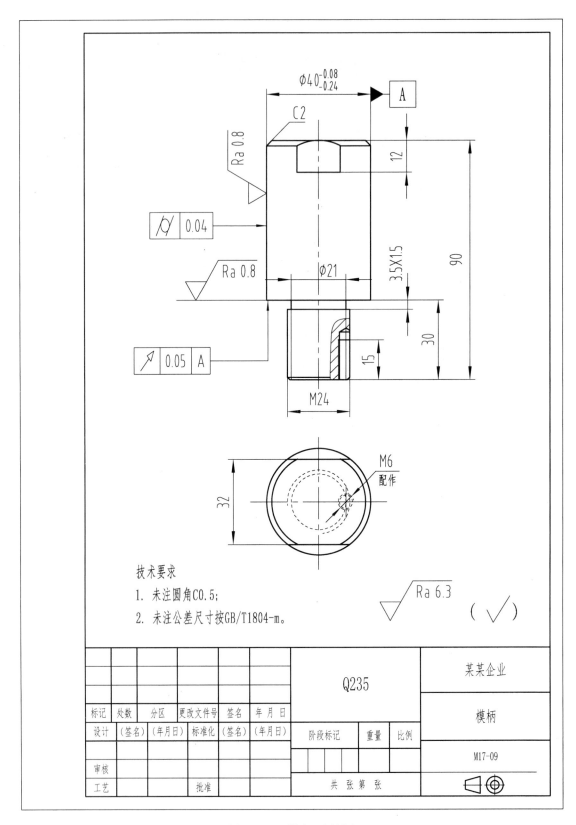

技术要求

1. 未注圆角C0.5;

2. 未注公差尺寸按GB/T1804-m。

图 3-1-2　模柄零件图

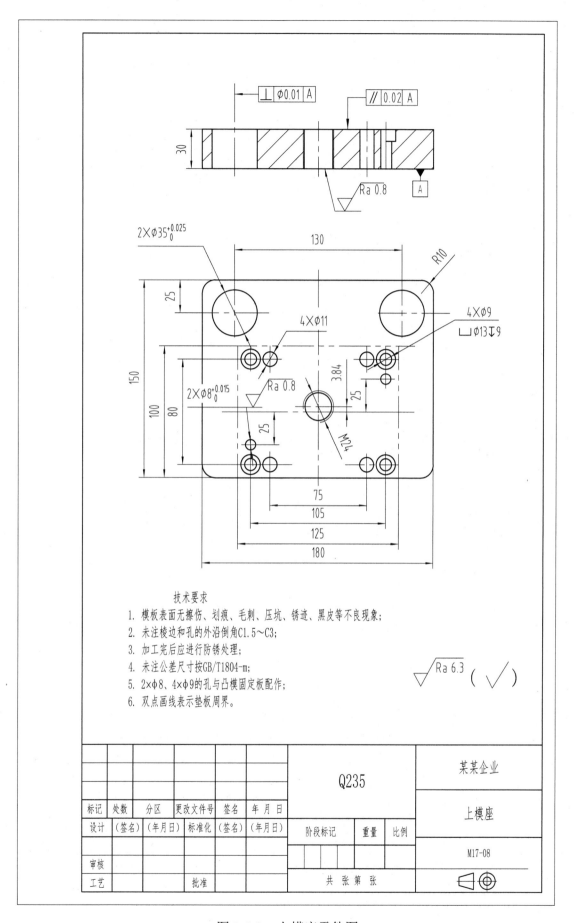

图 3-1-3　上模座零件图

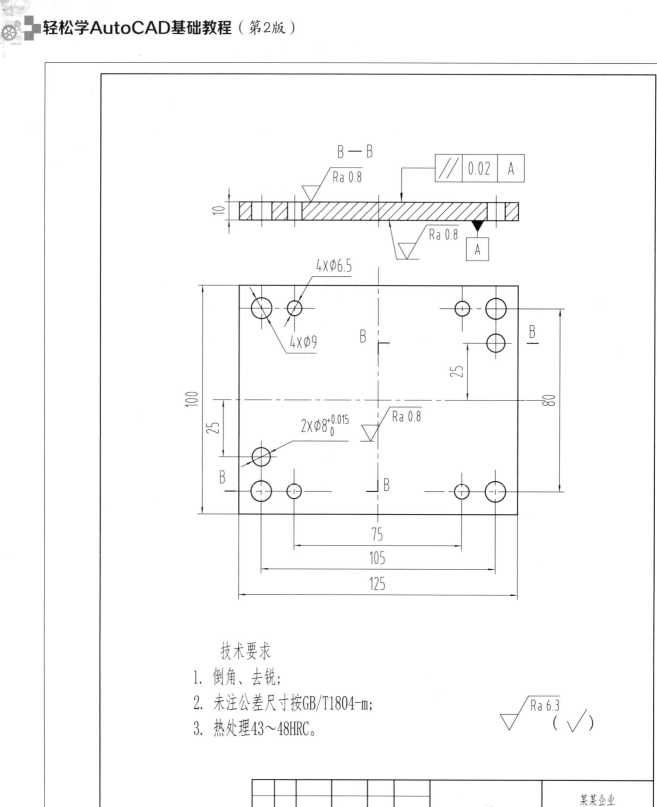

技术要求

1. 倒角、去锐；

2. 未注公差尺寸按GB/T1804-m；

3. 热处理43~48HRC。

图 3-1-4　垫板零件图

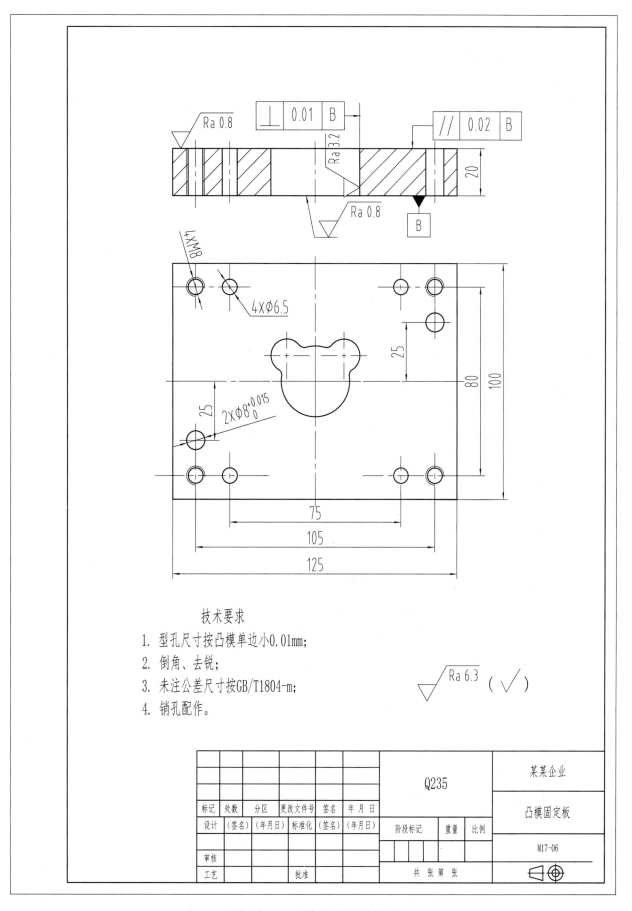

技术要求

1. 型孔尺寸按凸模单边小0.01mm；
2. 倒角、去锐；
3. 未注公差尺寸按GB/T1804-m；
4. 销孔配作。

$\sqrt{Ra\,6.3}$ （$\checkmark$）

标记	处数	分区	更改文件号	签名	年 月 日			Q235		某某企业
设计	（签名）	（年月日）	标准化	（签名）	（年月日）					凸模固定板
						阶段标记	重量	比例		
审核										M17-06
工艺			批准			共 张 第 张				

图 3-1-5　凸模固定板零件图

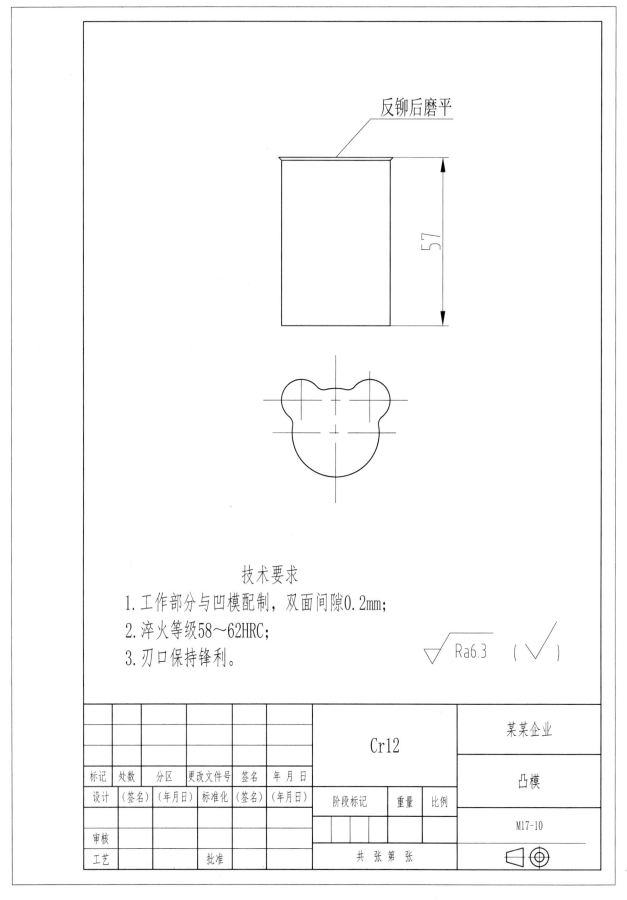

反铆后磨平

57

技术要求
1. 工作部分与凹模配制，双面间隙0.2mm；
2. 淬火等级58～62HRC；
3. 刃口保持锋利。

√ Ra6.3 （√）

标记	处数	分区	更改文件号	签名	年 月 日				某某企业
						Cr12			
设计	(签名)	(年月日)	标准化	(签名)	(年月日)				凸模
						阶段标记	重量	比例	
审核									M17-10
工艺			批准			共 张 第 张			

图 3-1-6　凸模零件图

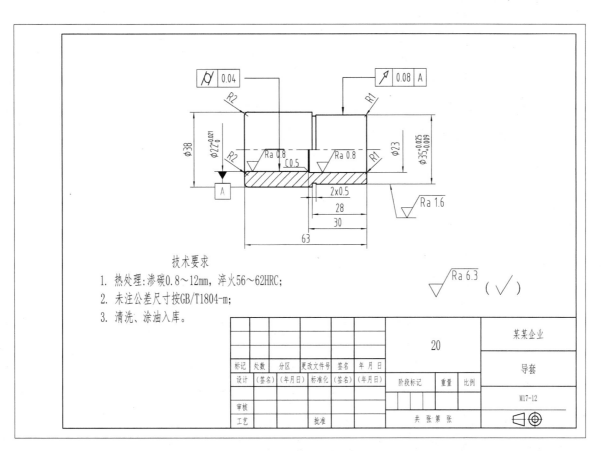

图 3-1-7　导套零件图

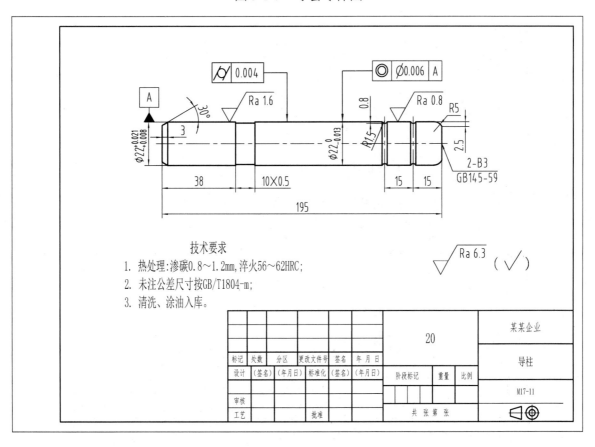

图 3-1-8　导柱零件图

轻松学AutoCAD基础教程（第2版）

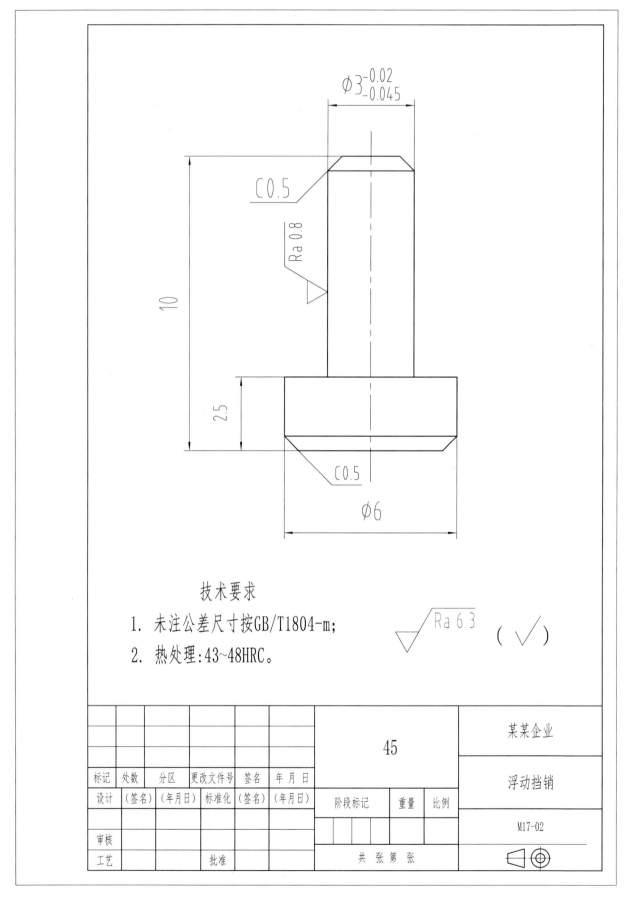

技术要求

1. 未注公差尺寸按GB/T1804-m；

2. 热处理：43~48HRC。

$\sqrt{Ra 6.3}$ （√）

标记	处数	分区	更改文件号	签名	年月日					某某企业
						45				
设计	(签名)	(年月日)	标准化	(签名)	(年月日)	阶段标记	重量	比例		浮动挡销
审核										M17-02
工艺			批准			共 张 第 张				

图 3-1-9 浮动挡销零件图

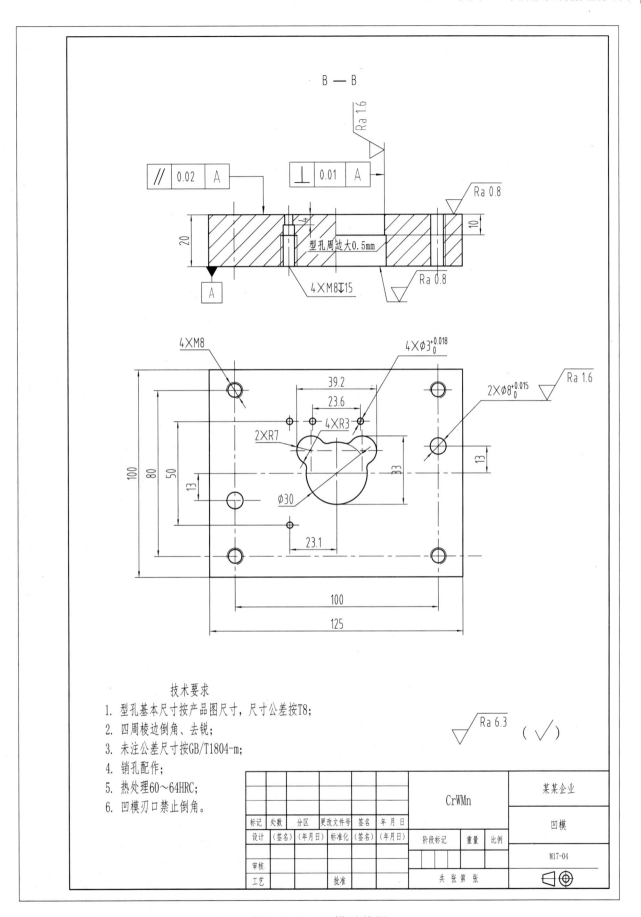

图 3-1-10　凹模零件图

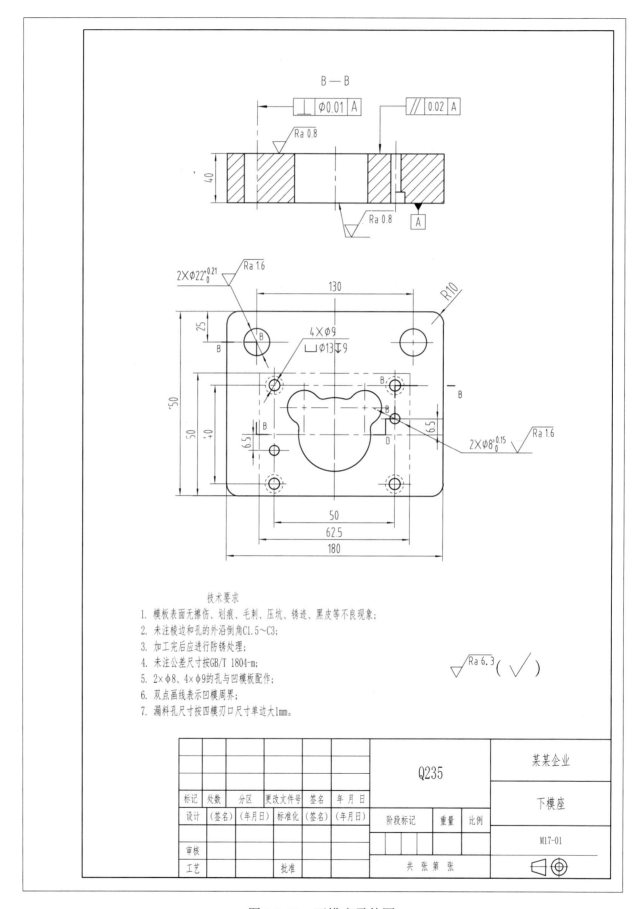

图 3-1-11　下模座零件图

附录 A AutoCAD 常用快捷命令及快捷键

（一）常用命令

1. 绘图命令

快捷命令	说　明	快捷命令	说　明
PO	*POINT（点）	EL	*ELLIPSE（椭圆）
L	*LINE（直线）	REG	*REGION（面域）
XL	*XLINE（射线）	MT	*MTEXT（多行文字）
PL	*PLINE（多段线）	T	*MTEXT（文字）
ML	*MLINE（多线）	B	*BLOCK（块定义）
SPL	*SPLINE（样条曲线）	I	*INSERT（插入块）
POL	*POLYGON（正多边形）	W	*WBLOCK（定义块文件）
REC	*RECTANGLE（矩形）	DIV	*DIVIDE（等分）
C	*CIRCLE（圆）	ME	*MEASURE（定距等分）
A	*ARC（圆弧）	H	*BHATCH（填充）
DO	*DONUT（圆环）		

2. 修改命令

快捷命令	说　明	快捷命令	说　明
CO	*COPY（复制）	EX	*EXTEND（延伸）
MI	*MIRROR（镜像）	S	*STRETCH（拉伸）
AR	*ARRAY（阵列）	LEN	*LENGTHEN（直线拉长）
O	*OFFSET（偏移）	SC	*SCALE（比例缩放）
RO	*ROTATE（旋转）	BR	*BREAK（打断）
M	*MOVE（移动）	CHA	*CHAMFER（倒角）
E	DEL 键 *ERASE（删除）	F	*FILLET（倒圆角）
X	*EXPLODE（分解）	PE	*PEDIT（多段线编辑）
TR	*TRIM（修剪）	ED	*DDEDIT（修改文本）

3. 视窗缩放

快捷命令	说　明	快捷命令	说　明
P	*PAN（平移）	Z＋P	*返回上一视图
Z＋空格＋空格	*实时缩放	Z＋E	显示全图
Z	*局部放大	Z＋W	显示窗选部分

4. 尺寸标注

快捷命令	说　明	快捷命令	说　明
DLI	*DIMLINEAR（直线标注）	DBA	*DIMBASELINE（基线标注）
DAL	*DIMALIGNED（对齐标注）	DCO	*DIMCONTINUE（连续标注）
DRA	*DIMRADIUS（半径标注）	D	*DIMSTYLE（标注样式）
DDI	*DIMDIAMETER（直径标注）	DED	*DIMEDIT（编辑标注）
DAN	*DIMANGULAR（角度标注）	DOV	*DIMOVERRIDE（替换标注系统变量）
DCE	*DIMCENTER（中心标注）	DAR	（弧度标注，CAD2006）
DOR	*DIMORDINATE（点标注）	DJO	（折弯标注，CAD2006）
LE	*QLEADER（快速引出标注）		

5. 对象特性

快捷命令	说　明	快捷命令	说　明
ADC	*ADCENTER（设计中心"Ctrl＋2"）	IMP	*IMPORT（输入文件）
CH	MO *PROPERTIES（修改特性"Ctrl＋1"）	OP	PR *OPTIONS（自定义CAD设置）
MA	*MATCHPROP（属性匹配）	PRINT	*PLOT（打印）
ST	*STYLE（文字样式）	PU	*PURGE（清除垃圾）
COL	*COLOR（设置颜色）	RE	*REDRAW（重新生成）
LA	*LAYER（图层操作）	REN	*RENAME（重命名）
LT	*LINETYPE（线形）	SN	*SNAP（捕捉栅格）
LTS	*LTSCALE（线形比例）	DS	*DSETTINGS（设置极轴追踪）
LW	*LWEIGHT（线宽）	OS	*OSNAP（设置捕捉模式）
UN	*UNITS（图形单位）	PRE	*PREVIEW（打印预览）
ATT	*ATTDEF（属性定义）	TO	*TOOLBAR（工具栏）
ATE	*ATTEDIT（编辑属性）	V	*VIEW（命名视图）
BO	*BOUNDARY（边界创建，包括创建闭合多段线和面域）	AA	*AREA（面积）
AL	*ALIGN（对齐）	DI	*DIST（距离）

续表

快捷命令	说　明	快捷命令	说　明
EXIT	*QUIT（退出）	LI	*LIST（显示图形数据信息）
EXP	*EXPORT（输出其他格式文件）		

（二）常用快捷键

快捷键	说　明	快捷键	说　明
CTRL＋1	*PROPERTIES（修改特性）	CTRL＋C	*COPYCLIP（复制）
CTRL＋2	*ADCENTER（设计中心）	CTRL＋V	*PASTECLIP（粘贴）
CTRL＋O	*OPEN（打开文件）	CTRL＋B	*SNAP（栅格捕捉）
CTRL＋N	*NEW（新建文件）	CTRL＋F	*OSNAP（对象捕捉）
CTRL＋P	*PRINT（打印文件）	CTRL＋G	*GRID（栅格）
CTRL＋S	*SAVE（保存文件）	CTRL＋L	*ORTHO（正交）
CTRL＋Z	*UNDO（放弃）	CTRL＋W	*（对象追踪）
CTRL＋X	*CUTCLIP（剪切）	CTRL＋U	*（极轴）

附录 B 任务 14 中部分标准件

序号	名称	代号	型号	图　　形
1	内六角圆柱头螺钉	GB/T 70.1—2000	M10×20	
2	内六角圆柱头螺钉	GB/T 70.1—2000	M10×110	
3	内六角圆柱头螺钉	GB/T 70.1—2000	M6×20	

附录 C 项目 3 强化训练任务中部分标准件

序号	名称	代号	型号	图 形
1	内六角平端紧顶螺钉	GB/T 77—2000	M6×12	
2	圆柱销	GB/T 119.2—2000	φ8×50	
3	内六角圆柱头螺钉	GB/T 70.1—2000	M8×45	
4	聚胺酯弹性体	GB 2867.9—81	M16×30	
5	内六角圆柱头螺钉	GB/T 70.1—2000	M6×70	
6	平端紧顶螺钉	GB/T 77—2000	M8×8	

反侵权盗版声明

电子工业出版社依法对本作品享有专有出版权。任何未经权利人书面许可，复制、销售或通过信息网络传播本作品的行为；歪曲、篡改、剽窃本作品的行为，均违反《中华人民共和国著作权法》，其行为人应承担相应的民事责任和行政责任，构成犯罪的，将被依法追究刑事责任。

为了维护市场秩序，保护权利人的合法权益，我社将依法查处和打击侵权盗版的单位和个人。欢迎社会各界人士积极举报侵权盗版行为，本社将奖励举报有功人员，并保证举报人的信息不被泄露。

举报电话：（010）88254396；（010）88258888

传　　真：（010）88254397

E-mail：　dbqq@phei.com.cn

通信地址：北京市万寿路 173 信箱

　　　　　电子工业出版社总编办公室

邮　　编：100036